哈洛新知
Hello Knowledge

知识就是力量

U0278489

牛津科普系列

生命起源

[美]戴维·W. 迪默/著

冯伟民/译

华中科技大学出版社
http://press.hust.edu.cn
中国·武汉

湖北省版权局著作权合同登记　图字：17-2023-054 号

图书在版编目（CIP）数据

生命起源 /（美）戴维·W. 迪默（David W. Deamer）著；冯伟民译 . —武汉：华中科技大学出版社，2023. 8
（牛津科普系列）
ISBN 978-7-5680-9466-5

Ⅰ . ①生… Ⅱ . ①戴… ②冯… Ⅲ . ①生命起源－普及读物 Ⅳ . ① Q10-49

中国国家版本馆 CIP 数据核字（2023）第 138066 号

生命起源
Shengming Qiyuan

[美]戴维·W. 迪默　著
冯伟民　译

策划编辑：杨玉斌　陈　露
责任编辑：陈　露　　　　　　　　　装帧设计：陈　露
责任校对：刘　竣　　　　　　　　　责任监印：朱　玢

出版发行：华中科技大学出版社（中国·武汉）　　电话：（027）81321913
　　　　　武汉市东湖新技术开发区华工科技园　　邮编：430223

录　　排：华中科技大学惠友文印中心
印　　刷：湖北金港彩印有限公司
开　　本：880 mm×1230 mm　1/32
印　　张：5.5
字　　数：95 千字
版　　次：2023 年 8 月第 1 版第 1 次印刷
定　　价：68.00 元

总序

　　欲厦之高，必牢其基础。一个国家，如果全民科学素质不高，不可能成为一个科技强国。提高我国全民科学素质，是实现中华民族伟大复兴的中国梦的客观需要。长期以来，我一直倡导培养年轻人的科学人文精神，就是提倡既要注重年轻人正确的价值观和思想的塑造，又要培养年轻人对自然的探索精神，使他们成为既懂人文、富于人文精神，又懂科技、具有科技能力和科学精神的人，从而做到"物格而后知至，知至而后意诚，意诚而后心正，心正而后身修，身修而后家齐，家齐而后国治，国治而后天下平"。

　　科学普及是提高全民科学素质的一个重要方式。习近平总书记提出："科技创新、科学普及是实现创新发展的两翼，要把科学普及放在与科技创新同等重要的位置。"这一讲话历史性地将科学普及提高到了国家科技强国战略的高度,充分地显示了科普工作的重要地位和意义。华中科技大学出版社组织翻译出版"牛津科普系列",引进国外优秀的科普作品,这是一件非常有意义的工作。所以,当他们邀请我为这套书作序时,我欣然同意。

人类社会目前正面临许多的困难和危机,这其中许多问题和危机的解决,有赖于人类的共同努力,尤其是科学技术的发展。而科学技术的发展不仅仅是科研人员的事情,也与公众密切相关。大量的事实表明,如果公众对科学探索、技术创新了解不深入,甚至有误解,最终会影响科学自身的发展。科普是连接科学和公众的桥梁。"牛津科普系列"着眼于全球现实问题,多方位、多角度地聚焦全人类的生存与发展,探讨现代社会公众普遍关注的社会公共议题、前沿问题、切身问题,选题新颖,时代感强,内容先进,相信读者一定会喜欢。

科普是一种创造性的活动,也是一门艺术。科技发展日新月异,科技名词不断涌现,新一轮科技革命和产业变革方兴未艾,如何用通俗易懂的语言、生动形象的比喻,引人入胜地向公众讲述枯燥抽象的原理和专业深奥的知识,从而激发读者对科学的兴趣和探索,理解科技知识,掌握科学方法,领会科学思想,培养科学精神,需要创造性的思维、艺术性的表达。"牛津科普系列"主要采用"一问一答"的编写方式,分专题先介绍有关的基本概念、基本知识,然后解答公众所关心的问题,内容通俗易懂、简明扼要。正所谓"善学者必善问","一问一答"可以较好地触动读者的好奇心,引起他们求知的兴趣,产生共鸣,我以为这套书很好地抓住了科普的本质,令人称道。

王国维曾就诗词创作写道:"诗人对宇宙人生,须入乎其内,又须出乎其外。入乎其内,故能写之。出乎其外,故能观之。入乎其内,故有生气。出乎其外,故有高致。"科普的创作也是如此。科学分工越来越细,必定"隔行如隔山",要将深奥的专业知识转化为通俗易懂的内容,专家最有资格,而且能保证作品的质量。"牛津科普系列"的作者都是该领域的一流专家,包括诺贝尔奖获得者、一些发达国家的国家科学院院士等,译者也都是我国各领域的专家、大学教授,这套书可谓是名副其实的"大家小书"。这也从另一个方面反映出出版社的编辑们对"牛津科普系列"进行了尽心组织、精心策划、匠心打造。

我期待这套书能够成为科普图书百花园中一道亮丽的风景线。

是为序。

（总序作者系中国科学院院士、华中科技大学原校长）

引言

　　我想以一个挑战性的问题开篇：为什么每个人都应该了解生命的起源？答案因人而异，而最简单的答案是好奇心。但凡阅读过本书引言的人都会产生好奇心，因为他们会疑惑地球上的生命究竟是如何产生的，其实生命的故事远不止这些。我的朋友斯图尔特·考夫曼（Stuart Kauffman）写了一本名为《宇宙为家》（*At Home in the Universe*）的书。当我们开始了解我们地球上的生命与宇宙的其他部分有怎样的关联时，《宇宙为家》这个书名就给予了我们一种深深的满足感。当我们真的发现这些联系时，更会有一种惊喜和受到启发的感觉。比如，活细胞主要由 6 种元素组成。当你深入阅读本书时，你会发现你体内的氢原子已经有 137 亿年的历史了，就像宇宙那般古老，而其余的原子是在 50 亿年前在恒星中合成的。地球上的生命只是从宇宙中短暂地借用这些原子，然后又归还宇宙。

我们还要考虑一个实际问题。好奇心驱动的研究可以满足对科学问题的好奇心，我们的发现有时会产生有价值的副产品。在这方面，我自己的经验是尝试制作一个原始细胞的实验模型。我们需要找到一种方法，让 ATP（腺苷三磷酸）分子穿过细胞膜，这样包裹在脂质囊泡中的酶就有能量来合成 RNA（核糖核酸）。几年后，我们找到了一种方法，即 DNA（脱氧核糖核酸）纳米孔测序。经历了发现和发明的周期过程，现在回到基础研究中，因为我们可以利用已建成的纳米孔装置来搜寻除地球外太阳系其他地方的生命。

天体生物学帮助我们理解生命如何起源

1924 年，亚历山大·奥帕林（Alexander Oparin）在一本俄文版的书中首次提出了有关地球生命如何起源的假说，随后，J. B. S. 霍尔丹（J. B. S. Haldane）于 1929 年发表了一篇短文。两人都认为，生命的起源可以从化学的角度来理解。自那以来，这种观点一直引导着人们的研究。然而，天体生物学这一新兴学科将我们的视野扩展到了地球及其生物圈之外。天体生物学建立在不断增长的关于行星、恒星、星系甚至宇宙起源的知识的基础之上。我们现在已经很清楚地球是如何成为一颗适宜居住的行星的，以及为什么生命可能分布在我们的银河系中。银河系拥有 1500 多亿颗恒星和行星，其中一些肯定是适合居住的。

关于生命如何起源，存在许多未解之谜，我们用了许多方法将这些谜团拼合成一张"大图"。有些图基于化学和物理定律能很好地拼合起来。有些人根据对今天地球和太阳系其他天体的观察，对 40 亿年前的地球是什么样的提出了非常好的假说。但在我们的知识中仍然存在巨大的空白，这是由于科学家对于貌似可信的假说有着截然不同的观点。例如，代谢和基因的出现孰先孰后？蛋白质和核酸呢？大多数人赞同液态水是生命出现的必要条件，但这种液态水是海底热液还是新形成的陆地上的淡水呢？首先，让我们看一下科学家在研究这类问题时是如何寻求答案的。

想法、猜想、假设和理论有什么区别？

每个人都有想法，如一句老话所说，想法一毛钱一打。想法如此普遍的原因是，人们通常乐于思考问题并提出可能的答案。猜想是一个充满想象的词，是试图解释特定事物的一种复杂想法。即使一个猜想听起来可能是合理的，它也可能缺乏一个坚实的事实基础。马克·吐温在他的《密西西比河上的生活》一书中写道："科学有其迷人之处，人可以从微不足道的事实投资中得到如此大的猜想回报。"当谈到生命的起源时，马克·吐温的洞察力直击要害：很少有事实，却充斥着猜想。马克·吐温是一位伟大的作家，但他不是科学家。在他生活的年代，已经有一些开拓型的科学家开始使用一种称为科学方法的工具来探索物理和化学奥秘。

什么是科学方法？

我们大多数人在高中时学过科学方法，科学方法通常被定义为包括五个步骤的过程：(1)观察；(2)感知一个有趣的问题；(3)提出一个假设；(4)通过实验或进一步观察检验假设；(5)根据结果确定假设是否正确，或至少确定假设是否具有解释力。如果假设是有意义的，可以被其他人重复验证，并形成一种共识，那么该假设就可以成为一种理论。

这听起来像是理解我们所生活的世界的一种合理方法，但在现实生活中，至少对于生命起源研究而言，这个过程是相当混乱的。我们不懂的东西太多了，以至于每个研究人员对总体情况只有一个模糊的概念，而一个人的想法常常与其他人的想法相矛盾。我们可以确信生命的起源发生在物理和化学的守恒定律的框架内，所以科学方法的目标是利用这些定律来填补我们知识的巨大空白，也许有一天我们可以理解生命是如何起源的。

生命可以定义吗？

对于一个可以用一句话来表述的辞书式的生命定义，人们的意见并不一致。原因是细胞作为生命的单位，是由分子结构及过程组成的系统，而每个系统对于生命体的整体功能来说都是必需的。但是，我们可以列出一般属性，然后以这样一种方式描述单个结构和过程，当把它们放在一起时，它们也只适合某些有生命的东西。这也许是尽我们所能可以做好的事情，所以，这里列出一些一般属性，以及定义地球上细胞生命的 12 种特殊属性。

一般属性

活细胞是由聚合物封装而成的系统,利用环境中的营养素和能量来实现以下功能:

酶催化新陈代谢

催化聚合生长

通过遗传信息控制生长

遗传信息的复制

分裂成子细胞

突变

进化

特殊属性

(1) 一个活细胞由 2 种基本的被膜状结构物包裹着的高分子聚合物组成。这 2 种聚合物由 6 种主要元素组成,简称 CHONPS,即碳、氢、氧、氮、磷和硫。

(2) 一种聚合物包括蛋白质,既可以是结构性的,也可以具有酶催化剂功能。另一种聚合物称为核酸,其单体序列中包含遗传信息。

(3)蛋白质的单体含有 20 种不同的氨基酸,核酸的单体包括 8 种不同的核苷酸,其中 4 种组成 DNA,另外 4 种组成 RNA。

(4)活细胞需要外部环境的营养来源。

(5)活细胞需要一种能量来源,如光或营养素中的化学能。这些能量被用于驱动代谢反应,将营养素转化为生命所需要的化合物。

(6)聚合作用不是自发产生的,而是需要能量驱动。作为新陈代谢的结果,蛋白质和核酸的单体在其结构中添加了化学能,从而使酶将它们结合在一起成为聚合物。

(7)酶催化蛋白质和核酸的合成,该过程受核酸聚合物中遗传信息的控制。蛋白质是由称为核糖体的细胞器合成的。

(8)作为聚合作用的结果,细胞生长并复制含有遗传信息的聚合物。

(9)被称为 DNA 的核酸可以在酶催化的过程中被复制。

(10)在生长过程中的某个时刻,具有复制遗传信息的功能的细胞分裂并繁殖。

（11）在复制过程中会由于误差而产生突变，因此种群（如培养中的细菌）中会有单个细胞的基因组发生变异。

（12）一些变异提供选择优势，这些变异细胞及其后代得以存活，而那些缺乏优势的细胞则被淘汰。这个过程称为进化。

这些属性是活细胞的特性，很明显，它们是一个极其复杂的系统的组成部分。当我们试图将这些特性与细胞生命的起源联系起来时，把它们作为一系列问题来逐一思考是有帮助的。

（1）形成第一批细胞边界所需要的膜从何而来？

（2）第一批细胞利用的能量来源于什么？

（3）有机化合物有哪些？它们来自何处？

（4）新陈代谢是如何开始的？

（5）生命的同手性是如何发展而来的？

（6）最早的与生命有关的聚合物是什么？

（7）在生命起源之前，这些聚合物是如何合成的？

（8）聚合物是如何被膜包裹的？

（9）某些聚合物是如何成为催化剂的？

（10）其他聚合物如何开始存储遗传信息？

(11) 这些聚合物是如何生长和复制的？

(12) 核酸的最初形式是什么？

(13) 蛋白质的最初形式是什么？

(14) 核酸中的碱基序列如何开始控制蛋白质中的氨基酸序列？

(15) 细胞是如何开始分裂和繁殖的？

(16) 进化的第一步是什么？

这些问题代表了我们对生命起源的认知程度，将有助于理解本书中介绍的知识要点。这些知识要点是由一些研究者发现的，他们敢于超越所认知的知识边界，进入未知的领域。他们缺乏完整的知识体系，但靠着这样的认知支撑：生命确实有一个起源，有一个像早期地球那样的表面积巨大的宜居星球，经过上亿年的时间，即使是极其不可能发生的过程也会变成事实上的必然。

大多数人认为科学的答案是可以在教科书上找到的，但是一线科学家了解得更多。他们知道，尽管已知结论是珍贵的科学成果，但令人兴奋的是，科学家们倾其一生都在解决那些悬而未决的问题。本书由 3 章组成，既提出问题，也进行解答。第 1 章"如何构建宜居星球"，追溯我们所知的有关生物元素的历史,从它们起源于恒星,到它们被输送到地球以及银河系中的其他宜居行星。第 2 章"从没有生命到几乎有生命",描述了简单的有机分子如何随着时间的推移变得越来越复杂,最终合成差不多是生命,但还不完全是生命的结构。第 3 章"我们还需要探索什么",提出了有待回答的问题,如果我们要了解几乎有生命的分子结构是如何变成生命的,就要回答这些问题。虽然我们可能永远无法肯定地回答生命是如何起源的,但我们似乎可以理解生命是如何在像地球这样宜居的任何星球上起源的。

目录

1 如何构建宜居星球

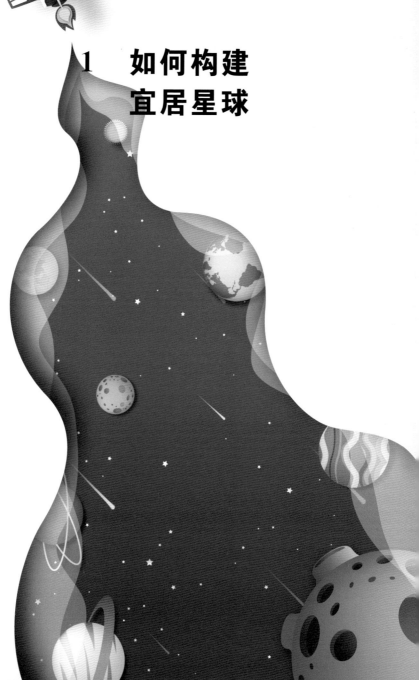

氢气是一种无色、无味的气体,当有足够长的时间,它就会变成人。究竟多长时间呢? 137 亿年!

在本书中,介绍内容的一种好方法就是提出一个问题,给出一个答案,然后继续提出并回答另一个问题:我们是怎么知道的? 第一个问题显而易见:氢真的能变成人吗? 要回答这个问题,我们需要从另一个简单的问题开始:生命的原子从何而来?

地球上的生命元素已有数十亿年的历史

这是一个令人惊讶的事实,水、蛋白质、核酸和细胞膜中的碳原子、氧原子、氮原子已有数十亿年的历史。实际上,人体中氢原子的数量大约占人体原子总数的 70%,而氢原子与宇宙本身一样古老,已经存在了 137 亿年。

这可能是真的吗? 请记住,科学也是具有不确定性的,它提出与证据最相符的解释,然后通过进一步的实验和观察来检验这些解释。例如,70 年前,关于宇宙起源有两种不同的解释。一种是由弗雷德·霍伊尔(Fred Hoyle)提出的稳恒态理论,该理论认为宇宙没有起源。第二种是由乔治·伽莫夫(George Gamow)提出的,宇宙确实有一个开端。"大爆炸"这个术语是霍伊尔提出的,用来描述开端论这个观点。伽莫夫的理论做出了两个重要的预测:宇宙应该在膨胀,宇宙大爆炸后必然会留下隆隆作响的无线电信号,就像雷电后的雷鸣回声。

宇宙是古老的

我们是怎么知道的呢？

天文学家的观测表明,来自距离地球数百万甚至数十亿光年的星系的光,从蓝色转向红色,波长从短变长,这与宇宙从137亿年前的某个时间点开始膨胀的情况相一致。射电天文学家还观察到在微波频率范围内存在均匀的辐射信号,似乎来自四面八方。伽莫夫预言了这一点,辐射信号现在称为宇宙背景辐射。霍伊尔的稳恒态理论被抛弃了,而"大爆炸"理论由于更具有说服力而被普遍接受。

附图1显示的就是宇宙当前的样子。宇宙中大部分可见物质聚集到了银河系这样的星系中。这些星系不是随机分散的,而是形成图中可见的星系团。你所看到的是数十亿个星系,每个星系都有数亿颗恒星,它们全部由氢质子聚变形成氦时释放的能量提供动力。(在恒星内部温度下,氢原子无法束缚其电子,因此只有质子参与核聚变反应。)星系团的出现是因为氢像所有物质一样具有引力,而引力会导致氢首先聚集成气体云,然后变成缓慢旋转的圆盘,最后坍塌成圆盘中心的一颗恒星,以及围绕这颗恒星旋转的行星。引力使星系中的恒星聚集在一起,形成图中所示的星团。附图1不是虚构的,是基于观测结果的银河系星团的实际天体图。从左到右的中心白色光带可不是人为添加的，这是我们自己的星系——银河系，从其边缘可以看到隐藏在其光晕后面的星系。遮盖部分星光的黑暗区域是濒死恒星喷出的星际尘埃，这些尘埃随后将聚集成巨大的云团。

比氢原子重的原子是在恒星中合成的

如果恒星只是将氢融合到氦中，那么宇宙将是毫无生命气息的。但是，恒星中发生的核化学反应包括另一个聚变过程，在该过程中，生命的主要元素碳、氧、氮、磷和硫得以合成，并与铁和硅构建了像地球那样的岩石行星。当一颗普通的恒星耗尽氢聚变释放的能量时，它首先膨胀成红巨星，然后坍缩，并释放出大部分剩余质量，成为称为星际尘埃的微观粒子。这些粒子由硅酸盐矿物、铁、水和有机化合物混合而成，有机化合物中含有生命起源元素以及微量的元素周期表中其他的元素。

我们是怎么知道的呢？

随着科技知识不断积累，我们已能建造功能强大的望远镜，实际上可以"看"到从恒星中释放出的元素，这是恒星"耗尽气体"时坍缩，并不再具有核聚变能量来源的结果。这些望远镜不一定是用玻璃透镜和反射镜来收集可见光的那种望远镜。射电望远镜可以"看到"无线电波，红外望远镜可以证实太空中是否存在有机分子，其他望远镜可以利用紫外线和 X 射线成像。甚至在环绕地球的轨道上也有像哈勃这样的空间望远镜，它们位于远离地球大气层的地方，可以汇集来自遥远恒星和星系的光线。

附图 2 显示的是 X 射线望远镜观察到的超新星遗迹。它被称为仙后座 A，并且图中用颜色来显示哪些元素正被坍缩的

望远镜

恒星释放出来。紫色代表铁,黄色代表硫,绿色代表钙,红色代表硅。恒星本身剩下的就是中心的微小白点,称为中子星。

铁、硫和钙是生命过程中必不可少的元素。那么碳、氧和氮呢?它们来自哪里?在 20 世纪 40 年代末,英国宇宙学家弗雷德·霍伊尔有了一个想法。如果铍核(原子核中有 4 个质子)与 α 粒子(由氦原子核组成)融合,那么他可以解释在足够高的温度下恒星中碳的合成。然后,碳可以通过附图 3 中所示的碳氮氧循环合成氧和氮。在太阳这颗恒星上,可以看到太阳光谱中各种元素的特征波长。除了氢和氦以外,太阳中存在的元素种类与周围行星中的元素种类相似,这清楚地表明整个太阳系是在巨大的尘埃和气体分子云中形成的。

6 种主要的生命元素构成所有生命形式

生命元素简单地说就是那些组成大部分生物有机体的元素。典型的活细胞含有 $60\%\sim70\%$ 的水,所以按质量计算,氧是最丰富的生命元素,因为水分子中含有氧原子。碳是第二丰富的元素,因为它与氮一起存在于所有的生物分子(如蛋白质和核酸)中。但是,就活细胞中的原子数而言,氢是最丰富的,约占原子总数的 70%。

我们是怎么知道的呢？

假设我们取 1 克活细菌,比如那些导致牛奶变酸或苹果酒变成醋的细菌。细菌当然是活的,它们产生的酸(乳酸和乙酸)是它们新陈代谢的废物。接下来,我们在真空中将细菌加热到 600 ℃,这个过程称为热解,这会导致所有有机分子分解成原子,和一些像水一样的简单分子。热解将细菌转变为黑色的灰

细菌可导致牛奶变酸

烬,分析这些灰烬可以发现,它主要由碳与少量氯化钠、氯化钾、氯化镁、氯化钙、磷酸盐和硫组成。当我们分析释放出的气体时,可以发现主要是水蒸气、少量的氮气和硫化物气体(如硫化氢)。最后,我们称量灰烬的质量,并计算气体中物质的质量。

经过一些计算,结果可以用质量分数(%)或原子数百分比(%)来表示。因为氧原子存在于水分子中,所以活细胞的大部分质量是由氧构成的。就原子数而言,氢原子数占总原子数的62%,其次是蛋白质和核酸中的氧、碳和氮(图1.1)。尽管磷和硫对于生命至关重要,但它们仅构成生命元素的很少一部分。需要记住的是,除了氢和少量氮,所有的生命元素都是通过恒星核合成的。生命体的水、蛋白质和核酸中的氢之所以存

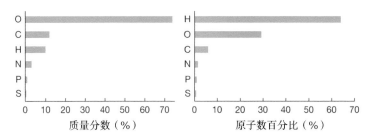

图1.1 **细菌细胞中的生命元素。O,氧;C,碳;H,氢;N,氮;P,磷;S,硫。**

资料来源:作者。

在，是因为它们没有在恒星形成过程中被捕获。这就是为什么大部分生命元素和宇宙一样古老。

星际尘埃为太阳系提供生命的种子——原子和分子

附图 4 是由环绕地球的哈勃空间望远镜拍摄的图像。它显示了一个名为 NGC 1566 的美丽的旋涡星系，NGC 代表天文学中的星云星团新总表（New General Catalog），后跟一个数字编号。该星系包含数十亿颗恒星，旋臂上新恒星形成的区域可以通过这些区域发出的粉红色光芒来识别。图中也可以看到其他区域，那就是星系内积聚的暗带，它掩盖了恒星发出的光。我们在自己的银河系中也可以看到类似的暗带。这些黑暗的区域充满了星际尘埃，由恒星结束其生命周期后爆炸所产生的灰烬组成。星际尘埃中含有在恒星内部合成的元素，例如铁和硅酸盐矿物形式的硅。一层薄薄的冰积聚在尘埃颗粒的表面，这些冰含有简单的化合物，如二氧化碳（CO_2）、一氧化碳（CO）、氨（NH_3）和甲醇（CH_3OH）等。

我们是怎么知道的呢？

1932 年，卡尔·央斯基（Karl Jansky）在贝尔电话实验室工作,试图找出造成国家间无线电通信问题的静电噪声源。他注意到,当天线指向银河系的中心时,干扰信号就会变得更强。令人难以置信的是,恒星确实是在广播无线电波。在接下来的50年里,天线和放大器经过改进,不仅可以探测无线电波,还可以探测化合物分子引起的电波中的调制。现在已知有上百种这样的化合物,其中相当一部分与生命起源有关。它们由生命元素组成,包括水(H_2O)、二氧化碳(CO_2)、氰化氢(HCN)、氨(NH_3)、甲醛($HCHO$)、甲酸($HCOOH$)、乙酸(CH_3COOH),还有一种称为甘氨酸(CH_2NH_2COOH)的氨基酸。

后来的研究得出了这样的结论:紫外线能使覆盖在星际尘埃微粒上的冰中的简单分子形成更复杂的有机化合物。这些有机化合物首先被运送到太阳系,然后在地球形成过程的晚期,地球冷却到足以形成海洋的时候被运送到地球上。生命必需的其他化合物是通过大气、海洋和火山地块的化学反应在地球表面合成的。

分子云是恒星和行星的发源地

附图 5 显示了一个名为蛇夫座的恒星系统中的分子云,该分子云距地球约 460 光年。1 光年就是光在一年中传播的距离,相当于 9.46×10^{12} 千米。我们的银河系直径至少为 10 万光年。为了让大家知道这到底有多大,我们可以对比一下,离地球最近的恒星被称为比邻星,距离地球 4 光年,分子云的直径为 3~70 光年。相比之下,我们的太阳系显得很小,光从太阳到海王星只需要 4.2 个小时。

确切地说,分子云是早已死亡的恒星的灰烬,恒星已经"寿终正寝",然后爆炸,它们的元素被喷射到星际空间中。分子云中的一些微小尘埃由硅酸盐矿物组成,其他则是金属铁和镍。附图 5 中的尘埃发出蓝光,因为它们正好反射了附近恒星发出的光,而其他的尘埃则呈现出棕色直至黑色。在分子云的其他区域,紫外线使氢气发出红光,类似于电子在气体中运动时氖气发出红光。分子云是我们理解地球生命的重要组成部分,因为它们是新恒星和类太阳系星系的发源地。

我们是怎么知道的呢?

答案很简单。哈勃空间望远镜位于距离地球表面 575 千米的轨道上,它提供了令人难以置信的清晰图像,可以观察到遍布整个银河系的尘埃和气体构成的分子云中发生的过程。通过哈勃空间望远镜,我们可以深入观察附近的分子云,看到正在形成的新恒星,有些恒星被将要形成行星的尘埃包围着。

太阳系是由环绕在太阳周围的尘埃和气体组成的

　　一颗新的恒星像凤凰一样从死亡恒星的灰烬中诞生,这些死亡恒星在坍缩前被高温融化,然后爆炸成为新星或超新星。由于新恒星诞生于分子云中,因此它们通常出现在星团中,比如夜空中可见的昴宿星团中。它们的辐射驱散了分子云中的尘埃,数百万年后,只剩下星团了。太阳曾经是这样一个星团中的一员,但在它成为一颗恒星后的 50 亿年里,它的姐妹恒星

太阳系

慢慢地远离了星际空间。星际尘埃和气体聚集成分子云,从分子云中产生新恒星,然后变成旋转的圆盘。行星形成的过程是圆盘中的尘埃经过引力吸积形成直径千米大小的星子,这些星子随后碰撞形成行星。火星和木星之间的轨道上的小行星是在行星形成过程中没有被捕获的星子。

我们是怎么知道的呢?

附图 6 显示了宇宙背景中的尘埃和分子云,其中的引力已经开始使组成分子云的尘埃和气体形成恒星。关于行星形成的理论解释在许多年前就提出了,但没有直接的证据。然而,智利的阿塔卡马大型毫米波/亚毫米波天线阵新型望远镜可以真实地观察到,在一颗叫作金牛座 HL 的恒星中,类太阳系星系正在形成(附图 7)。正如理论所预测的那样,这颗恒星只有 100 万岁,被一堆气体和尘埃围绕着。圆盘上明显的空隙很可能是新行星在吸积尘埃时产生的。有理由认为我们的太阳系曾经历了类似的形成过程。

放射性元素使地核处于熔融状态

在本书的后面,我们将描述火山是如何出现在全球海洋

中,并形成第一块陆地的。从含盐海水中蒸发出来的水以雨的
形式落在火山岛上,火山温度很高,所以雨水导致了温泉的形
成,就像我们如今在世界各地的火山区看到的那样。但是为什
么会有火山呢? 在生命诞生 40 亿年后的今天,火山怎么还能
存在?

地球的诞生涉及小行星大小的天体(被称为微行星或星
子)的引力吸积,这些微行星直径有几千米大小。撞击释放出
的能量是如此之大,以至随着地球体积的增大,铁和硅酸盐矿

火山

物开始熔化。在最初的吸积接近尾声时,一颗火星大小的行星的轨道碰巧切过地球的公转轨道,两颗行星相撞并合并。月球是由进入环地轨道的热硅酸盐矿物碎片形成的。地球和月球都受到熔岩温度的影响而变热。附图 8 展示了一位艺术家设想的那时候地球的面貌。

由于整个地球都处于熔融状态,在吸积过程中释放出来的密度较大的铁和镍穿过地壳中密度较小的硅酸盐矿物下沉形成地核,地核随后开始冷却。地核的直径大约是地球直径的50%,温度估计为 6000 ℃,与太阳表面一样炙热。正是这种热量为早期地球上的火山提供了动力,并且至今仍在为它们提供动力。但这里有一个问题,当我们测量热量通过地壳散失到外层空间的速率时,就会发现原始的吸积过程产生的热量无法使地核维持这个温度。所以,一定还有别的热源存在。

我们是怎么知道的呢?

答案来自我们对长期存在的与铁核混合的放射性同位素的认识。半衰期较长的元素有钍-232(141 亿年)、铀-238(44.68 亿年)、钾-40(12.8 亿年)和铀-235(7.04 亿年)。元素名称后面的数字是该元素特定同位素的相对原子质量,基本上是原子核中质子数和中子数之和。半衰期是指放射性元素在释放热量的情况下发生放射性衰变,核数目减少到原来的一半所需要的时间。40 亿年后的今天,大部分原始的钾-40 和铀-235 衰变成了其他元素,所以当前地球的热量是由钍-232 和铀-238 产生的。

大约 10 亿年前,地核已经冷却到足以分离成一个固态内核和一个液态外核。外核熔融状铁的缓慢对流是地球产生磁场的原因。对地球来说这是很重要的,因为磁场使太阳发出的具有潜在危险的高能太阳风发生偏转。

后面,我将证明,如果没有火山岛和来自降水的淡水资源,生命是不可能出现的。换句话说,现今地球上生命如此丰富的事实,取决于一个铁核,其温度足以使自身保持流体状态。重要的是,火星上曾经有浅海和火山。我很乐意打个赌,我们很快将发现 35 亿年前火星上存在生命的证据。残留的生命仍可能在火星深处繁衍,那里的余热使少量水保持液态。

放射性衰变告诉我们地球的年龄

我们的地球大约有 45.7 亿年的历史,是宇宙年龄的 1/3。

我们是怎么知道的呢?

地球年龄有几种方式可测定。最容易理解的是,铀具有放射性,并以一定的速率衰变成铅。例如,假设我们有一个铀同位素$^{238}_{92}U$的纯样本,并测量了其放射性随时间的变化。通过外推法计算,结果显示它会在 44.68 亿年后衰变成铅($^{206}_{82}Pb$)。44.68 亿年即$^{238}_{92}U$的半衰期。元素符号左下标的数字是原子中的质子数,它是固定的,左上标的数字是相对原子质量,是质子数和中子数之和。一种元素的几种同位素有着不同的相对原子质量。例如,$^{235}_{92}U$是用于核反应堆的铀同位素,极不稳定,它比$^{238}_{92}U$少 3 个中子,半衰期也更短,约为 7.04 亿年。

下一步是假设在锆石矿物的古老晶体中发现的铀一开始就是纯的。我们知道它是纯的,因为铅不适合氧化锆矿物的晶格,但铀适合。当我们用最古老的锆石测定$^{238}_{92}U$和$^{206}_{82}Pb$这两种同位素的数量时,会发现两者的比例接近 1∶1,这意味着一半的铀已经衰变成铅了,锆石肯定有 45 亿年的历史了。当我们对陨石中的铀和铅做同样的测量时,会发现它们的比例也是 1∶1。最后,假设太阳系中的陨石与行星是在同一时间形成的,最精细的测量表明它们的年龄为 45.7 亿年,因此我们将其作为地球的年龄。

　　有意义的是,我们可以了解到这些事件到底发生在多久之前。想象一下你正坐在可以带你回到遥远过去的时光机里。你把刻度盘调到 40 亿年前,速度是每秒 1000 年,然后按下标有"开始"的按钮。5 秒后,你从窗户往外看,会看到古埃及人正在建造金字塔,而 10 秒后,中东地区的部落在幼发拉底河沿岸种植庄稼。30 秒过去,你可以看到艺术家在法国的洞穴壁上画野牛。在第 72 秒的时候,智人离开非洲,向欧洲迁徙。3 分钟后,智人出现在了非洲。

　　之后,恐怕你需要坐 18 个小时时光机,直到有一道巨大的闪光,紧接着是一段短暂的完全黑暗的时间,这是由直径 6 英里①的小行星撞击中美洲尤卡坦半岛附近的海域引起的。这次撞击导致了统治地球达 1.6 亿年之久的恐龙灭绝。一些小型的温血哺乳动物幸存了下来,否则我们就不会在这里了。

　　接下来是漫长的等待。6 天半之后,你来到了寒武纪,第一批动物统治了海洋,最终变成了三叶虫化石。陆地也刚刚开始变绿,因为植物"学会"了如何利用阳光这一能源,在没有水的情况下生存。

---

① 　1 英里≈1.61 千米。——译者注

更长的等待。这太无聊了！29 天后你会呼吸急促，因为大气中几乎没有氧气。生命的主要形式是微生物，你可以看到海洋被染成绿色，因为蓝细菌都在其中茁壮成长。它们在制造氧气，但还不足以供人类呼吸，所以你需要戴上氧气面罩。

最后，46 天后，你向窗外望去，只能看到海洋和火山。没有鲜活的生命，因为你来到了生命出现前的地球。当你更仔细地观察火山时，你会看到温泉周围形成了小水坑，小水坑边缘是一圈泡泡。当泡泡干了之后，就会留下一层薄膜，看上去像"浴缸环"。当雨水再次填满水坑时，薄膜中的化合物就会以微小囊泡的形式分散到水中。它们不具有活性，但它们是迈向细胞生命的第一步。只要给它们一点时间，比如 1 亿年，它们就会设法找到一条走向生命的路。

生命直到有了海洋才诞生

在生命诞生之时，地球有片咸咸的海洋，火山地块暴露在主要由氮气和少量的二氧化碳组成的大气中。由于地球仍在从熔融状态中冷却，当时地表温度比现在高得多，可能在 60 ℃～80 ℃。当时地球上也没有大陆，因为板块构造运动还没有出现,但有类似夏威夷岛和冰岛的火山岛。降水使得火山岛上形成了淡水池,这些淡水池被地热能加热到沸腾,然后通过径流冷却至环境温度。当代的例子有堪察加半岛、夏威夷岛、冰岛和新西兰等地的热液区。

我们是怎么知道的呢?

有三种方法可以了解早期地球的面貌。第一种方法来自我们的地质学和矿物学知识。由于板块运动,原始地球表面几乎没有留下任何东西,只有加拿大东北部的一小部分岩石可以追溯到 40.3 亿年前。这大约是生命起源的时间,所以我们知道当时一定有海洋存在。从古代沉积矿物的组成中,我们也知道当时大气中没有氧气。

第二种方法依赖于被称为锆石的锆矿物的原子组成。这些锆石是从西澳大利亚的沉积岩中分离出来的,可追溯到 44 亿年前。锆石成分可以用来估计锆石形成时的温度。根据这些锆石的成分估计出的温度非常低,远低于熔岩的温度,这意味着当时地球上存在海洋形式的液态水。

第三种方法是考察月球。月球表面有大量的陨石坑,都是由大大小小的小行星大小的天体撞击月球造成的。该事件被称为晚期重轰炸,大约在 38 亿年前结束。这意味着生命开始形成的时候地球是一个危险的星球。实际上,甚至有人以为,生命可能开始过好几次,但前几次都被猛烈的撞击抹去了一切。

生命一定是在 45.7 亿年前至 34.6 亿年前的某个时间出现的,这是地球形成的时间,也是微生物生命的第一个化石证据出现的时间。我们可以通过假设生命在液态水存在之前是不可能起源的来推算生命起源时间。我们从锆石和地质证据

月球表面有很多陨石坑

中得知,地球在大约 43 亿年前曾有过一片全球性海洋。也有证据表明,地球在其历史早期被小行星大小的天体撞击过。巨大的月球陨石坑,例如雨海盆地,是这些撞击留下的"伤疤"。因为地球比月球大得多,地球可能会遭受更多的撞击。最大的撞击所释放的能量可能会导致任何已经出现的原始生命灭绝。有人认为,生命可能起源过多次,直到大约 38 亿年前晚期重轰炸结束后才得以幸存下来。从这些因素来看,一个合理的猜测是生命起源于 42 亿年前至 38 亿年前的某个时候。

地球上的水来自小行星和彗星

分子云中的尘埃有一层薄薄的冰覆盖在硅酸盐矿物基质上。在太阳系早期,尘埃通过引力吸积形成小行星和彗星,连同水一起,在形成过程中被输送到像地球和火星这样的行星上。地球一开始非常热,后来形成整片海洋的水以水蒸气的形式存在于大气中。在某一时期,地球表面冷却到水可以以液体形式存在的温度,从而形成全球性海洋。早期的大气主要由氮气和少量的二氧化碳组成。由于光合作用还没有出现,故此时还没有游离氧的存在。

我们是怎么知道的呢?

虽然水在普通光线下是一种透明的液体,但如果你在红外光下看它,它看起来就不透明了,因为水分子会吸收光子并将它们转化为热能。水也吸收其他形式的能量,例如电磁能。微波炉中用来加热食物和水的微波频率为 2450 兆赫,它们的振动能被水吸收,然后水被加热。这与皮肤暴露在阳光的红外辐射下变暖的方式类似。射电天文学家将他们的望远镜对准了分子云,微波光谱提供了清晰的证据,表明水存在于星际尘埃

微波炉

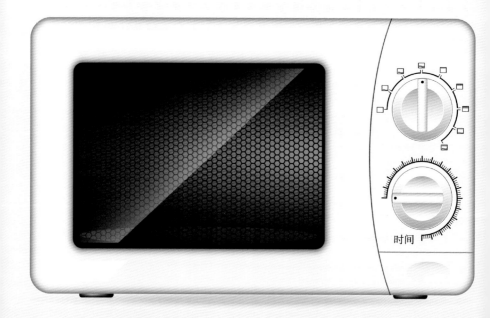

表面的冰膜中。

在行星的形成过程中,尘埃在引力作用下形成团块,带来水和有机化合物。这些团块不断长大,直到变成小行星和彗星大小的微行星,其直径从几十千米到数百千米不等。在靠近太阳的内太阳系中,尘埃和水被推到火星的公转轨道以外,然后形成木星、土星、天王星和海王星等巨行星。内太阳系的行星是由小行星和彗星碰撞而形成的,它们是岩质的,体积比巨行星小得多。地球能够保留一小部分来自小行星和彗星的水,这些水后来形成了海洋。火星上的水甚至更少,大部分在过去30亿年间蒸发到了太空中。

由于地球上的海洋看起来如此之大,覆盖了地球表面的2/3,因此地球只保留了"少量"在吸积过程中聚集的水这一事实可能会令人吃惊。事实是,如果地球只有篮球大小,那么海洋就只有一张纸那么厚。

为什么我们认为地球上的水大部分来自小行星而不是彗星呢?有一种特殊的氢叫作氘,其原子核中有一个质子和一个中子。海洋中水分子数量与氘原子数量的比值为6410。这与彗星水不匹配,彗星水分子数量与氘原子数量的比值接近1886,但6410确实与在几颗小行星上已测量的相应比值匹配。不过,当你眺望海洋时,你可以想象,大约10％的水是由彗星输送的,而其余的则以水蒸气的形式从构成地壳的炽热岩石中逃逸到大气中。

2 从没有生命到几乎有生命

如果你读这本书是希望了解生命是如何起源的,那么我很遗憾地告诉你,还没有人知道答案。我们确实对距今 40 亿年生命起源之前的地球状态有所了解,这在第 1 章已经叙述过了。我们也对今天的生命以及生命所需的各类生化物质和能量来源有许多了解,这些知识使我们对生命起源可能需要的有机化合物和能源能够提出一些有根据的推测。我们可以将我们的推测与以碳质陨石的形式输送到地球的有机化合物进行对比。我们还可以推测,最初的生命形式中可能存在哪些能源。

接下来的表述,我将先列出一些解释生命起源的主要观点,并将它们按提出的时间顺序排列,以便为读者提供这样一个视角,即迄今为止该领域的研究范围是怎样的。这是一个还非常新的领域,全世界只有数百名科学家在从事大部分研究工作,因此关于生命如何起源存在着相互冲突的观点也就不足为奇了。尽管我会提及与每种观点相关的科学家的姓名,但不会提供参考资料,因为它们通常出现在科学文献中,并且专业性很强。所有的姓名和观点都是众所周知的,因此对更多详细信息感兴趣的读者可以在互联网资源中查询到它们。在介绍生命起源研究领域的主要观点之后,我将重点介绍在我们的研究中出现的一种新颖的方法。

关于地球上生命起源的不同观点

胚种论

胚种论可以追溯到 2500 年前,古希腊哲学家阿那克萨哥拉(Anaxagoras)是最早探究生命起源的人之一。胚种论一词源于希腊语,意思是宇宙中到处都有生命的种子。1903 年,瑞典化学家斯万特·阿伦尼乌斯(Svante Arrhenius)宣传胚种论,引起了科学界的关注;接着,宇宙学家弗雷德·霍伊尔和钱德拉·维克勒玛辛格(Chandra Wickramasinghe)大胆宣称,天文学家看到的分子云实际上含有微生物,这些微生物分布在新恒星周围的宜居行星上。这些推测的问题在于,它们回避了生命如何起源的问题,推测也缺乏可验证性。

一个更可靠的说法是,生命诞生在我们太阳系的火星上,然后随着在小行星撞击火星表面时产生的陨石落到了地球上。我们知道这是可能发生的,因为在南极洲收集到的火星陨石已经验证了这种说法。如果发现火星上存在或曾经存在过生命的证据,就有许多方法来确认火星是否是地球上生命的来源,或者说地球生命是否有独立的起源。例如,如果火星上的生命与地球上的生命拥有相同的核酸和蛋白质，相同的遗传密码和相同的手性，这将支持生命从火星输送到地球的说法。如果它们有不同的遗传密码，或者蛋白质中的氨基酸不同，我们就可以得出结论，地球上的生命有一个独立于火星的起源。

胚种论仍然只是一个假说。即使它可以解释生命是如何在地球上诞生的，但它无法解释生命是如何在哪个地方诞生的这个核心问题。我提出一个新词：panorganica（泛有机），它确实有一个可验证的预测。大多数人认同，化学物质及其反应无

火星上是否存在生命，还有待探测

处不在,一些化合物如果含有碳,就可能是有机化合物。其中一些有机化合物的化学和物理特性甚至允许它们组装成具有生物功能的复杂结构。根据预测,生命可以诞生在任何类似早期地球的宜居行星上,比如 30 亿年前的火星上。该预测现在正由机器人漫游车进行验证,以寻找我们姊妹行星上的生命迹象。

团聚体学说

1924 年,亚历山大·奥巴林(Alexander Oparin)写了一本关于生命起源的科学著作,他在书中提出,生命的起源可以理解为一个化学过程。他的书是用俄文写的,没有广泛发行,但在 1938 年出版了英文译本。1929 年,英国科学家 J. B. S. 霍尔丹(J. B. S. Haldane)发表了一篇短文,提出了与奥巴林类似的观点:生命可能是早期地球上化学反应的结果。1924 年,奥巴林提出了团聚体的概念,即由聚合物自我组织的细胞大小的结构。这个概念启发了 S. W. 福克斯(S. W. Fox),他将干燥的氨基酸加热到与火山温度差不多的温度,结果氨基酸聚合成了他称之为类蛋白质的物质。此外,在特定的条件下,这种物质可以聚合成类蛋白微球体,他认为这是迈向生命起源的步骤。但随着我们对分子生物学的了解越来越深入,这种学说在很大程度上已经被放弃了。

电火花和气体化学

1952 年,斯坦利·米勒(Stanley Miller)还是芝加哥大学的一名研究生,在诺贝尔化学奖得主哈罗德·尤里(Harold Urey)的指导下工作。米勒说服尤里,看看如果一种混合气体暴露在电火花下会发生什么,结果可能会很有趣。他们的想法是,像闪电这样的放电现象可能会在生命出现之前的早期大气中激发化学反应。他们假设大气是由氢气、甲烷、氨气和水蒸气组成的,这些成分模拟了早期地球的原始大气。他们将这样

闪电

的混合气体置入一个玻璃球中,经过几天的火花激发,混合气
体变成了红褐色,很明显发生了什么事。当米勒分析混合气体
的水溶液时,结果令人惊讶:有几种氨基酸被合成了。米勒在
1953 年发表的相关论文引起了轰动,人们普遍认为这标志着
生命起源科学研究的开始。

米勒在加利福尼亚大学圣迭戈分校化学系度过了职业生
涯的大部分时间。他和他的学生发表了数百篇论文,大部分涉
及与生命起源相关的小分子反应,而涉及聚合反应和界膜形成
的则较少。

铁硫世界

约翰·德克斯特·伯纳尔(John Dexter Bernal)在1967 年
出版的《生命起源》(*The Origin of Life*)一书中提出,黏土矿
物具有特殊的属性,可能会催化与生命起源相关的化学反应。
苏格兰研究员格雷厄姆·凯恩斯-史密斯(Graham Cairns-
Smith)进行了进一步探索,他提出黏土矿物的表面实际上包
含了其晶体结构中的信息,这些信息可以传递给聚集在矿物表
面的核酸。詹姆斯·费里斯(James Ferris)在伦斯勒理工学院
花费了大量的时间在实验室研究黏土,他证明了一种叫作蒙脱

石的特殊黏土能够吸附具有化学活性的单核苷酸,使其聚合成短链 RNA。

金特·瓦赫特绍泽(Günter Wächtershäuser)提出,一种叫作黄铁矿(俗称愚人金,化学成分为二硫化亚铁)的矿物的表面,具有吸附与生命有关的有机化合物的潜力。此外,黄铁矿的形成与其还原性有关,这种还原性可能会将简单的分子(如二氧化碳分子)转化为氨基酸等具有生物学作用的化合物。换句话说,最初的生命形式并非始于细胞,而是从一种普通矿物表面的代谢反应开始的。二维代谢后来被脂膜包裹,成为最初的细胞生命形式。瓦赫特绍泽对他的想法进行了一些实验验证,证明了一些简单的化学形式可以被合成,但这个想法没有进一步的进展。

热液喷口

1977 年,杰克·科利斯(Jack Corliss)驾驶"阿尔文"号(Alvin)载人潜水器在加拉帕戈斯群岛附近探测时,发现了被称为"黑烟囱"的热液喷口(附图 9)。黑烟囱的热源是地下的岩浆,所以酸性热液的温度非常高,超过 300 ℃,黑色的"烟"则由金属硫化物组成。另一种被称为"失落之城"的热液喷口是

2001 年在大西洋中脊附近发现的,它位于非洲和美洲大陆之间。这类热液喷口也被称为"白烟囱",其热源不是炽热的岩浆,而是蛇纹石化过程,在该过程中,海水与海底矿物反应形成另一种被称为蛇纹石的矿物。这种反应产生强碱性的水和溶解的氢气。

这两种类型的喷口都滋养着微生物和像管状蠕虫这样的较大的生物。在这些生物被发现后不久,就有人提出,生命可能是在热液喷口诞生的,因为水溶液中含有化学能。这个想法曾被拓展到后面将要描述的反应概念体系中。然而,由于这些喷口存在于深海环境中,目前还没有实验能直接验证这一想法。

代谢优先论

新陈代谢指所有发生在活细胞中的对生命至关重要的生化反应。很明显,一种原始的新陈代谢形式已经融入了最初的生命形式中,但在没有酶和营养物质穿过细胞膜进入细胞的情况下,新陈代谢是如何发生的,则尚不清楚。然而,我们可以根据对现在活细胞新陈代谢的了解来做一些推测,新陈代谢的起源仍然是一些研究生命如何产生的科学家关注的焦点。例如,迈克尔·罗素(Michael Russell)、威廉·马丁(William Martin)和尼克·莱恩(Nick Lane)提出,热液喷口可能为原始代谢反应提供了化学能的来源;哈罗德·莫罗维茨(Harold Morowitz)认为,在今天的生活中仍然可以观察到原始代谢过程产生的残余。

脂质世界和 GARD 模型

以色列魏茨曼科学研究所(Weizmann Institute of Science)的多伦·兰塞特(Doron Lancet)认为,向生命演化的重要一步是某些化合物自组装成具有特定有机化合物组合的微观结构。如果化合物的混合物能从环境中吸收能量,那么它们可能会以某种方式发生改变,使微观结构通过分裂成子代来生长和繁殖。重点在于,它们的分子组成代表了要传递给子代的一种信息。该概念首先在称为 GARD(graded autocatalytic replication domain,分级自催化复制域)模型的程序中实现了计算机建模。将脂质分子组装成具有界膜结构的称为胶束或囊泡的微观聚集体这一过程是 GARD 模型的真实世界模型。该概念被拓展为脂质世界这个更宽泛的概念,脂质世界在生命起源之前就存在,并且使用的是组装信息,而不是线性核酸分子中的单体序列存储的如今所有生命的遗传信息。

RNA 世界

1953 年詹姆斯·沃森(James Watson)和弗朗西斯·克里克(Frances Crick)发现 DNA 的结构后,关于核酸结构的知识慢慢积累起来,人们推测 RNA 可能具有催化作用。这一推测在 1982 年得到了证实,当时托马斯·切赫(Thomas Cech)和西德尼·奥尔特曼(Sidney Altman)发现某些 RNA 可以催化自身的水解,并因此获得了 1989 年的诺贝尔化学奖。具有催化作用的 RNA 被称为核酶,因为它们的作用类似于酶,但是,核酶是由 RNA 而不是蛋白质组成的。1986 年,哈佛大学的沃特·吉尔伯特(Walter Gilbert)写了一篇短文,文中用"RNA世界"一词来阐释利用 RNA 催化化学反应和存储遗传信息的早期生命形式。这是一个卓有成效的工作假说,后文中还将进一步详细描述。

陆地热泉说

查尔斯·达尔文(Charles Darwin)在 1871 年写给他的朋友约瑟夫·胡克(Joseph Hooker)的信中,有几句话颇具先见之明,而这些话在 150 年后又重新流行起来。

人们常说，生命第一次形成的所有条件现在都存在，这些条件在过去可能就存在过。但如果（哦，多么大的如果）我们设想，在一些温暖的小池塘里，有各种铵盐和磷酸盐，具备光、热、电等条件，一种蛋白质化合物是以化学方式形成的，准备进行更复杂的变化。现在有这种物质的话，它会立即被吞噬，或被吸收掉，而在生命形成前是不会有这样的情况发生的。

达尔文的猜想是否属于可检验的假说？该领域的其他研究人员可能会同意本节中介绍的大部分信息，但一些研究人员也可能会对与他们自己的观点不相同的观点保持怀疑。简而言之，火山地块上的温泉中的淡水可能具有比咸水更有利于生命起源的物理和化学特性。观察过火山地貌的人可能会做出这样的推论：由温泉滋养的小池塘要经历蒸发和补给的循环。实验室实验表明，干湿循环会浓缩潜在的反应物，并为生命所必需的聚合物的合成提供能量。如果存在与肥皂分子结构类似的分子，聚合物就会被封装在以膜为边界的微小隔室中。我在《组装生命》（*Assembling Life*，牛津大学出版社，2019 年）一书中对此过程进行了详细描述，并已在实验室以及美国黄石、堪察加半岛和新西兰的几处温泉等火山区进行了检验。

封装的聚合物被称为原始细胞(也称原初生命体)。它们还不是活体,但它们确实有能力进行选择并向生命迈出进化的第一步。虽然这是推测的,尚无实验支持,但检验过程已经开始。当结果支持这一推测时,它们可能表明,原始细胞中的功能聚合物系统可以吸收环境中的能量和营养,利用它们来生长和繁殖。即使结果支持推测,我们仍不能断定 40 亿年前的生命就是以这种方式开始形成的,但我们可以确信,这就是生命在早期的地球和火星等宜居行星上的形成方式。

本节的其他部分描述了与陆地热泉说相符的结果,以及脂质世界和 RNA 世界的核心观念。

所有生命都是细胞构成的,细胞可能也是生命的最初形式

现今,细胞是所有生命的组成单元,但最初的生命形式为何是细胞呢? 非细胞生命可能存在吗? 想象一下,你是一位年轻的化学家,刚刚被一所小型学院聘为助理教授,系主任带你去参观你们的新实验室。这里有足够大的空间、一些漂亮的架子和实验台,实验台上堆放着各种化学品。系主任不好意思地告诉你,系里的资金用完了,买不起玻璃器皿。你问:"可我怎

么做实验呢?"

事实上,如果没有烧瓶、烧杯和试管这样的容器,做实验几乎是不可能的。生命的起源也是如此。除非各种可溶化合物的混合物能够聚集在一个地方,否则生命形成所需的自然实验永远不会发生。

那么,最初的膜来自哪里?这实际上是一个比较容易回答的问题,因为我们对如今在活细胞中组装的膜了解很多。如果

实验室

我们提取任意细胞的细胞膜,从最简单的细菌到大脑神经元的细胞膜,我们会发现它们是由磷脂和其他分子(如胆固醇)混合而成的。如果我们把脂质和水混合在一起,它们会自发地形成微小的细胞大小的囊泡。如果我们用酸来处理磷脂,它们就会分解成与肥皂性质相似的脂肪酸、甘油和磷酸盐。脂肪酸分子实际上与构成肥皂泡膜的分子是同一种。

我们是怎么知道的呢?

肥皂分子具有长长的碳氢链,其末端是类似于二氧化碳(CO_2)分子的羧基。一种典型的肥皂分子结构如下所示:

$$H_3C—CH_2—CH_2—CH_2—CH_2—CH_2—CH_2—CH_2—$$
$$CH_2—CH_2—CH_2—COOH$$

这是月桂酸分子,属于两亲分子(amphiphile),该词源自希腊语,意为两者都爱。烃链"爱"油,而羧基"爱"水,这赋予了肥皂分子一种生命所必需的重要属性。每个人都吹起了肥皂中的两亲分子组成的气泡:气泡的彩色边界实际上是一种膜。其他两亲分子组成的膜是当今所有细胞生命必不可少的边界结构,也是早期地球上自组装的第一批原始细胞不可或缺的结构。

　　图 2.1 显示了将少量肥皂置于载玻片上干燥并盖上盖玻片后会发生的情况。在加水之前,什么都没有发生,然后肥皂分子很快开始形成管状结构,细胞大小的囊泡从中开始形成。

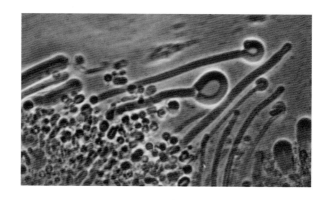

图 2.1　干燥的肥皂分子暴露在水中时形成的厚膜实际上是由数百层膜组成的,这些膜形成了图中的管状结构和囊泡。它们是不稳定的,会慢慢分解成微小的膜囊泡,这些膜囊泡只有一个由肥皂分子组成的双分子层,其太小了,无法在放大的照片中显示清楚。

资料来源:丹尼尔·米尔施特(Daniel Milshteyn)。

　　令人惊奇的是,同样的过程也会发生在从碳质陨石中提取的有机化合物中,如图 2.2 所示。将提取物置于显微镜载玻片上干燥,然后加入一滴水。大量微小囊泡便由已知存在于提取物中的与肥皂性质相似的化合物聚合而成。当暴露

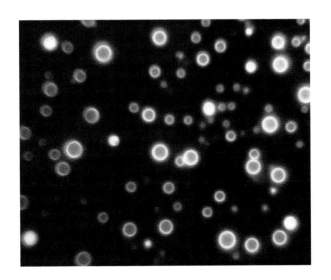

图 2.2　从默奇森陨石中提取的两亲化合物可以形成细胞大小
　　　　的外包一层膜的囊泡。 这种两亲化合物是类似于肥皂
　　　　的脂肪酸与多环芳烃化合物的混合物，多环芳烃化合
　　　　物在显微镜下用紫外线照射时会产生蓝色荧光。 尽管
　　　　这种两亲化合物可能比地球古老，但它们仍具有组装
　　　　膜的能力。 较小的囊泡与血液中的红细胞大小相当。

资料来源：作者。

在紫外线下时，囊泡会发光，因为它们的膜中也有称为多环
芳烃的荧光化合物。根据这样的实验结果，可以合理地假设
类似的有机化合物混合物在无生命阶段的地球火山地块上
就已经积累起来了。它们可能被降水冲入了温泉中，其中的

与肥皂分子结构相似的分子形成了细胞生命起源所需的微小隔室。

生命需要液态水

为了了解液态水存在的必要性,我们可以问相反的问题:为什么生命不能在冰中产生?或是在像智利的阿塔卡马沙漠这样几乎没有降水的地方产生?生物确实可以在冰冻或干燥的状态下存活一段时间,但它们能够生存下去吗?未必能够,因为它们不具有定义生命的常规功能,例如新陈代谢、生长和繁殖。

这就是为什么热液喷口可能是生命起源的理想地点。原因有几个,其中一个重要原因是热液喷口有一个特征,即它经历了水化和脱水的循环。有些循环是非常迅速的,比如热液从间歇泉中喷出,然后飞溅到附近的炽热岩石上并干燥。有些循环周期则要长一些,因为热液喷口间隔几天到几周喷发一次,然后被降水填满。在蒸发过程中沉积在矿物表面的薄膜会发生两种反应:两亲分子自组装成膜状结构,产生聚合物的缩合反应。

现在,我们可以回答为什么生命需要液态水这个问题。液态水是一种良性溶剂,分子溶质可以在其中扩散。在这种情况下,扩散具有特殊的含义,它是指溶解的分子在混合物中随机移动的运动。如果存在浓度梯度,扩散会导致溶质从浓度较高的区域移动到浓度较低的区域。例如,当我们呼吸时,空气中的氧气浓度比通过肺部循环的血液中的氧气浓度高,因此氧气从空气中扩散到血液中,并被运送到我们身体的其他部位。如果我们种下一粒种子,水分会从土壤中扩散到干燥的种子中,然后种子就会萌芽并开始生长。

我们是怎么知道的呢?

生命显然需要液态水,因为只要有河流、湖泊、海洋或陆地上的雨水,我们就能看到有生命的有机体。但这只是一种观察结果,并不能回答"为什么"。想一想:是否可以用干肥皂吹肥皂泡? 当然不可以! 水是溶解肥皂必不可少的,水分子和肥皂分子的物理特性允许肥皂自发形成膜囊泡。

生命可能起源于火山岛上的淡水

我需要提醒读者,这个标题是有争议的。由于海洋中有如此多的水,因此人们一直认为生命一定是在那里形成的。但是,当我们更仔细地研究此假设时,就会发现两个重大问题。一个问题是,海洋容量巨大,因此生命形成所需的有机化合物溶液会被极大地稀释,以至于有机化合物彼此之间无法发生化学反应。生命可能始于火山岛上的淡水,因为当水从火山温泉的淡水小池中蒸发时,即使是稀溶液也会高度浓缩。另一个问题是,海水由于含有较多钙离子和镁离子而被称为硬水。如果用肥皂在硬水中洗手,效果会不佳,原因是钙离子和镁离子与肥皂发生反应,导致肥皂聚集成块,而不会形成肥皂泡沫。然而,我们发现膜囊泡很容易在火山温泉的淡水中聚合而成。

最后,可能也是最重要的一点是,单体不可能在海水中形成聚合物,因为在这种环境中发生聚合反应在热力学上是困难的。换句话说,形成聚合物需要能量,而在溶液中向聚合反应注入能量的唯一方法是通过化学方式激活单体。今天,所有生命的代谢过程都能激活氨基酸等单体,并利用酶将其聚合为蛋白质,但还没人能通过实验证明这种机制可能存在于生命起源前的海洋中。相较之下,多年前人们已经知道,只要通过蒸发单体溶液并加热干膜,就可以向淡水中引入足够的能量。

我们是怎么知道的呢？

在我们的研究中，我们将装有 RNA 单体的小瓶放入新西兰一处温泉的边缘，并使用温泉中的水对它们进行了 4 次干湿循环。在实验室分析结果时，我们发现类似 RNA 的聚合物的产量很高。这一结果支持这样的观点：生命的核酸聚合物可以在类似于生命起源前的地球条件下合成，而不仅仅是在实验室合成。附图 10 展示了艺术家对生命起源时地球模样的描绘。

生命需要单体

三种主要的单体分子可以通过化学方式连接成线状或支链状的聚合物。三种单体是氨基酸、核苷酸和糖类，示例见附图 11。重要的是要了解，将单体连接成聚合物的化学键是通过缩合反应形成的，在这种反应中，一个水分子从单体的化学基团之间被移走。这听起来很复杂，但实际上很简单。例如，生物学中最重要的一种连接结构叫作酯键。假设你将乙酸与乙醇混合，一些乙酸会与乙醇形成酯键，生成乙酸乙酯和水：

$$CH_3—CH_2—OH + CH_3—COOH \rightarrow CH_3—COO—CH_2—CH_3 + H_2O$$

　　水果和蔬菜中的许多味道和香味都来自酯类,例如梨和草莓中的乙酸苄酯和菠萝中的丁酸丁酯。冬青的气味来自水杨酸甲酯,乙酸戊酯使香蕉具有香味。

　　关键在于,假如继续添加单体直到它们形成一条链,则表明已经合成了聚合物。一种众所周知的聚合物是用于服装制造的聚酯,它由有机酸和醇通过酯键结合在一起而形成。DNA 和 RNA 等核酸也符合聚酯的定义。

水果

我们是怎么知道的呢?

19 世纪,当科学家开始研究构成生命的化学物质时,他们发现分离出的大多数物质可以通过在溶液中与诸如盐酸之类的酸一起加热来分解。例如,用酸加热淀粉会使其分解成葡萄糖。对蛋白质的类似处理将使它们分解成氨基酸。核酸是在 1869 年被发现的,再次经过酸处理后,它分解成 4 种不同的单体,称为核苷酸。

现今的生命使用 20 种不同的氨基酸来制造蛋白质,但是最初的生命形式所使用的氨基酸的来源是什么? 现在我们知道默奇森陨石含有超过 70 种被归类为氨基酸的化合物,这意味着氨基酸可以通过非生物化学反应合成。默奇森陨石还包含作为核酸结构一部分的碱基,如腺嘌呤和鸟嘌呤。核苷酸的结构比氨基酸更复杂,因为核苷酸由与糖类连接的碱基组成,而糖类又与磷酸盐连接。然而,最近有报道称,在生命起源前的地球上,简单的化合物经过一系列化学反应可能合成了组成核酸的所有 4 种核苷酸。在地球早期,核苷酸单体是否能形成核酸的聚合物? 事实似乎是生命并没有创造核酸,反而在温泉发生的干湿循环中,核酸被包裹在膜室中时,生命就出现了。

生命由高分子聚合物组成

高分子聚合物在当今世界是很常见的,因为它们构成了诸如聚乙烯、聚苯乙烯、聚丙烯、聚酯之类的塑料,其种类还在不断增加。虽然生命不是由塑料构成的,但是活细胞使用的是称为核酸和蛋白质的聚合物。图 2.3 展示了蛋白质聚合物在分子水平上的样子。

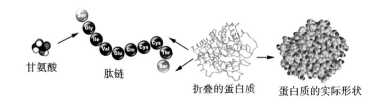

甘氨酸　　肽链　　　折叠的蛋白质　蛋白质的实际形状

图 2.3　像甘氨酸这样的氨基酸可以被并入蛋白质的长聚合物链中。然后,这条链折叠成一个特定的结构,具有与细胞功能相关的物理和化学性质。其中最重要的功能是酶催化的代谢反应,代谢反应发生在酶的表面,特定的氨基酸在其上形成一个活性部位。

资料来源:作者修改。

说明蛋白质和核酸如何起作用的一种简单方法是设想组装一个活细胞。目前,还没有人成功地完成了这一操作。图

2.4 展示了一个细菌活细胞是如何在思想实验中被组装起来的。我们将从左上角的 DNA 开始,其中包含指导蛋白质合成的基因。

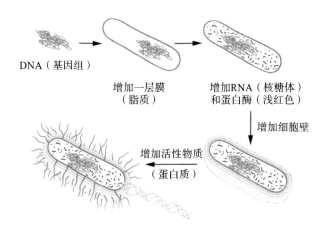

图 2.4 组装一个细菌活细胞的步骤。

资料来源:作者。

典型的细菌 DNA 是一个环状结构,称为拟核,包含大约 5000 个基因,这些基因嵌入由 500 万个碱基对组成的核酸聚合物中。相比之下,人类基因组 DNA 有约 30 亿个碱基对。下一步是将细菌 DNA 放入膜室。这在实验室中很容易做到,所得到的结构称为原始细胞。这些细胞不是活细胞,但它们是迈向生命的重要一步。然后,我们向原始细胞中添加 RNA 和蛋白酶。细胞的大多数 RNA 存在于核糖体中,如图 2.4 中的红点所示。蛋白质也是核糖体结构的一部分,细胞质中蛋白酶的修饰基团以浅红色显示。这样组装的结构现在是活的,因为它是 DNA 中的基因的系统,DNA 与核糖体和蛋白酶一起封装在膜室中。该系统可以利用营养物质和能量来生长、繁殖。一些最简单的微生物细胞就像这样,但它们非常脆弱,只能在特殊条件下生存。大多数自由生存的细菌进化出了能保护它们免受环境压力的细胞壁。有些细菌甚至具有由蛋白质组成的鞭毛。鞭毛像小螺旋桨一样旋转,细菌因此能够在水中移动,这样有更多的机会找到营养物质。

我们是怎么知道的呢?

电子显微镜是在 20 世纪 30 年代发明的,它让我们第一次看到了分子水平上的细胞结构。图 2.5 中间的图片显示了一个细菌细胞,它被一种叫作"锇"的重金属染色,然后嵌入环氧树脂中,用金刚钻刀切成非常薄的薄片。外细胞壁和细胞膜清晰可见,中间可见拟核 DNA。左边的图片是用扫描电子显微镜拍摄的,显示了细菌细胞表面的三维结构。右边的图片是一个染色的细菌细胞,该细胞被置于很薄的膜上干燥,图中显示了称为菌毛的结构,该结构从细胞质中突出并穿过细胞壁。

　　我们可以根据这样的图片制作图 2.5 这样的对比图。这个对比的重点是,除了膜之外,每个加入图中的结构都是聚合物,而聚合物是由氨基酸、核苷酸和糖类等单体构成的。这意味着要了解生命的起源,我们需要找到一种方法,让聚合物在 40 亿年前以非酶的方式合成,然后封装在膜室中,形成能够进化为第一个活细胞的原始细胞。

图 2.5　左图显示了通过扫描电子显微镜观察到的几种细菌的三维外观。
　　　　中间的图片显示了固定并染色的单个细菌,其被嵌入树脂中,然
　　　　后切成薄片以显示内部结构,比如拟核中的 DNA。右边的图片是
　　　　通过一种技术染色的细菌细胞,该技术揭示了允许细菌黏附在菌
　　　　落中和物质表面的纤维结构。

资料来源:由作者根据公共领域的图片制作。

有机化合物可用于支持有关生命起源的观点

地球及其水圈和大气圈都是由围绕太阳旋转的原始太阳星云中存在的物质积累所组成的。然而，就在地球几近达到其原始大小后不久，它与一颗恰好穿过其公转轨道的火星大小的行星相撞。这次碰撞致使地球周围形成了一个岩石环，月球由此形成。这次碰撞释放的能量使月球和地球处在熔岩的温度下。只有像二氧化碳这样简单的含碳化合物才能在此温度下存在，更复杂的化合物会遭受破坏。生命形成所需的有机化合物只有在地球冷却和全球性海洋形成之后才能存在。

有机化合物有两种可能的来源：由微尘、陨石，甚至 40 亿年前以非常快的速度运动的彗星输送到地球上；或通过地球大气层或地壳中发生的化学过程合成。目前还不确定哪一种是主要来源，但无论哪种来源，有机化合物都会立即开始通过热和光等能源发生化学转化。这意味着混合物不会是稳定的，会有不断输入的新型有机化合物，并且不断地转化为其他化合物。我们确实知道，现今，当碳质陨石和尘埃落到地球上时，有机化合物随之被输送到地球上，因此，我们可以利用这一点来推测哪些有机化合物可能参与了造就最初生命形式的化学反应。我们还知道，重要的有机化合物，如氨基酸、碱基、类脂碳氢化合物可以通过在实验室模拟生命起源前的地球条件来合成。一个合理的假设是，实验室条件下发生的反应在早期地球上也曾发生过。

我们是怎么知道的呢？

1969 年 9 月，一个火球划过澳大利亚默奇森上空，然后爆炸。碎片落到了附近的田野里，赶往现场的市民和科学家收集了约 100 千克重的碎片。其中一块碎片被送到了美国加利福尼亚州山景城的美国国家航空航天局艾姆斯研究中心，在那里，科学家用现代技术对这块碎片进行了分析。默奇森陨石含有大量的有机化合物（包括氨基酸），这些化合物一定是通过非生物化学反应合成的。在接下来 50 年的研究中，科学家又发现了生命出现之前的早期地球上可能存在的其他化合物，包括 DNA 和 RNA 的碱基，同样属于核酸组成部分的核糖等糖类和称为脂肪酸的长链碳氢化合物衍生物，它们可以聚合成膜。真正令人惊讶的是，所有这些化合物都可以由简单的活性化合物（如氰化氢、甲醛和一氧化碳）合成。

附图 12 显示了默奇森陨石中有机化合物的组成。下一个问题是找出它们如何合成生命必不可少的生物聚合物——蛋白质和核酸,以及生物聚合物如何被包裹在膜室中,这些步骤是迈向生命起源的关键步骤。

为了使反应发生,有机化合物溶液必须浓缩

有机化学家知道,要使反应成为可能,潜在反应物的溶液必须浓缩。任何化合物落入早期地球的海洋中,其浓度都非常小。即使今天组成生命的所有氨基酸和糖类都溶解在海洋中,其浓度也会被稀释到每个分子都会被 1000 万个水分子包围的状态。但是,有一种替代海水的途径,那就是从咸海中蒸发出来的淡水,以降水的形式落在火山地块上。到访夏威夷火山岛的人都会经历几乎每天都下雨这种情况。地面淡水的重要特性是它会形成小池塘,这些小池塘经历周期性的干湿循环。在干燥过程中,任何被冲进池中的有机化合物的溶液都会高度浓缩,并在矿物表面形成薄膜。化学反应(包括聚合反应)会在浓缩的薄膜中发生,这增加了原本简单的有机化合物溶液的复杂性。

我们是怎么知道的呢?

参观过美国怀俄明州的黄石国家公园或新西兰的罗托鲁阿火山的人,都看到过干湿循环的证据。附图 13 展示了俄罗斯堪察加半岛穆特洛夫斯基火山侧面由降水和温泉补给的蒸发水坑。干燥的物质在几乎所有的岩石上形成"浴缸环",然后在下雨时再次溶解。实验研究表明,聚合反应可以发生在这样的环里。

能量与生命起源

生物能的概念凭直觉就可以理解,与之相关的两个词"焓"和"熵"也是可以直观理解的。每个人都知道运动需要消耗能量,使身体发热。能量与焓有关,因为当 ATP 中的能量引起肌肉收缩和松弛时,能量会通过化学反应散发出去。我们也知道存在这样一个普遍规律:如果我们把事物按顺序排列,随着时间的推移,它们往往会变得无序。无序效应与熵有关。熵的一个例子是当我们把食盐晶体放入水中时,构成食盐的钠原子和氯原子在晶体中是高度有序的,但当它们溶解在水中时就会变得无序。换句话说,熵增加了。

　　但是,当我们试图测量能量时,尤其是当我们试图理解能量如何控制与生命相关的化学反应和物理过程时,这种直观的理解就变得更加复杂了。我们可以先试着分析一个大家都很熟悉的化学反应:点燃蜡烛。我们划一根火柴,把它放在烛芯上,蜡烛中的碳氢化合物与空气中的氧气发生反应并产生火焰。该反应会释放热量,热量的多少可以通过让火焰加热一些水,同时用温度计记录水温的变化来测量。在理想条件下,1克蜡烛燃烧释放的热量会使 1 升水的温度升高 9 ℃。1 克蜡

蜡烛

烛燃烧释放的热量相当于 1 克脂肪含有的能量。有趣的是,人体脂肪的燃烧速度和蜡烛的燃烧速度差不多,所以每呼吸一次,我们就会损失几毫克二氧化碳,而这些二氧化碳原本存在于我们体内脂肪的碳氢化合物中。

总而言之,蜡烛的碳氢化合物中含有能量,当它与氧气反应时可以释放出能量。反应的产物是热量、二氧化碳和水。地球上所有生命的每个细胞都在做类似的事情,如果细胞将氧气作为能量来源来"燃烧"脂肪或糖类并释放二氧化碳,那么熵呢? 熵从何而来? 在大气中缺乏氧气的情况下,最初的生命形式是如何开始形成的?

每种自发的化学反应都可以用与焓变和熵变有关的两个可测量的量来描述。焓变是通过反应放出的热量来测量的,而熵变则是通过一种可以被宽泛地描述为有序向无序变化的过程来测量的。如果反应释放热量,反应的产物比反应物更无序。在蜡烛燃烧的情况下,化学能因转化为热能而明显损失,但熵的变化是由于原来的碳氢化合物分子在蜡烛内为有序状态,当它们以二氧化碳的形式被释放到空气中时,就会变得无序。

生命细胞中的大多数反应都受焓的主导,但有一个重要的反应却不是。设想一下,你可以以某种方式把肥皂分子混合到水分子中,然后观察肥皂分子会发生什么变化。起初,肥皂分子以被水分子包围的单个分子的形式存在,但随着时间的推移,它们聚集成簇,称为胶束。每个胶束包含数百个分子,分子内部带有疏水烃尾,而外部则带有亲水基团。然后,如果你继续加入更多的肥皂分子,胶束就会开始合并成美丽的细胞大小的囊泡。即使这是一个由无序向有序变化的自发反应,但如果你测量温度,也会发现温度几乎没有变化。

我们是怎么知道的呢?

水分子以液体形式聚集在一起,是因为组成水分子的氧原子和氢原子带有弱电荷。氧原子带负电荷,氢原子带正电荷。这些电荷之间产生相互作用,形成氢键,使水在常温下保持液态。换句话说,水分子就像小小的棒状磁铁,有一个北极和一个南极,如果你将很多棒状磁铁混合在一起,它们就会相互结合,使每个南极都吸附在一个北极上。

当肥皂分子被混入水分子中时,烃链必定会断开氢键,使水保持液态,从而使水分子在烃链周围趋于有序。但如果这些烃链聚集在一起,氢键就会再次形成,有序的水分子就会变得无序。换句话说,总熵增加了,这种从有序向无序变化的过程比肥皂分子在胶束中变得更有序更加重要。肥皂分子自发排列的原因与脂质分子组成细胞膜的脂质双分子层的原因相同,而细胞膜是所有生命细胞的基本边界结构。

自组装和封装是迈向生命的第一步

几乎每个人都曾使用能量致使一些在 100 万年内不可能自然发生的事情发生。想象一下吧,我们在水中溶解了一些洗洁精,把溶液放在一个洞穴里,然后一年后回来检查。当然,什么也不会发生。我们可以等上 100 万年,但它仍然在那里。原因是肥皂分子处于平衡状态,它们要么以单个分子的形式漂浮在溶液中,要么以胶束(由几百个分子组成的微观聚集体)的形式漂浮在溶液中。但是现在,我们用一根吸管往溶液里面吹入一些空气,以此向溶液中添加一点能量。神奇的是,肥皂泡形成了,一些肥皂泡飘浮在空气中。如果你以前从未见过肥皂泡,你会感到惊讶。只需通过添加一缕空气的能量,肥皂分子就组成了膜,膜的内外各有一层肥皂分子,中间还有一层水。

这个过程称为自组装,是某些分子(如肥皂分子)的一种特性。这是一个自发的过程,是当今所有生命的基础之一。每一个活细胞都有一层膜,这层膜是由脂质组成的,脂质分子的特性与肥皂分子相似。没有了膜,生命就不可能形成。生物化学家可能会质疑膜室对生命形成的重要性,因为他们可以轻松地在实验室设置酶复制 DNA 和核糖体合成蛋白质所需要的条件。他们可能会争辩说,这些合成过程是生命的基础,但并不需要膜室。他们疏忽的是,那些实验除非被限制在试管这个"隔间"中,否则是无法进行的。同样,生命必然也诞生于由类似肥皂分子的分子自组装的膜室这样极小的"试管"中。

我们是怎么知道的呢?

在由脂质组成的膜室中获取化合物,这个过程乍一看可能相当复杂。如果这么复杂,它是怎么在生命起源前的地球上发生的呢?答案其实非常简单。如果制备好膜囊泡和 DNA 这样的大分子聚合物的混合物,然后将其暴露在单一的干湿循环中,原先在囊泡外的 DNA 有一半会移动到囊泡内。原因是在干燥过程中,囊泡融合成多层膜,DNA 被困在多层膜之间。当薄膜重新水化时,这些囊泡就会从多层膜中组装起来,但现在其中一半囊泡含有 DNA。在附图 14 中可以清楚地看到这一点,在显微镜载玻片上,含有 DNA 的囊泡从一层磷脂干膜中组装起来。实验中 DNA 用荧光染料染色以方便观察。

生命起源所需能量的来源

有时,研究人员会进行思想实验。例如,阿尔伯特·爱因斯坦从未亲自做过实际的实验,而是通过在脑海中做实验创造了相对论。现在,让我们做一个思想实验来说明我们所说的能量是什么。想象一下,我们在营养培养基中培养一些细菌,然后利用化学条件把它们所有的聚合物分解成组成聚合物的单体。在实验室中,通过在氢氧化钠溶液(通常称为家用碱液)中加热细菌,可以很容易做到这一点。强碱性溶液使连接聚合物的键断裂,形成氨基酸、核苷酸(组成核酸的单体)、糖类、脂肪酸和磷酸盐的溶液。换句话说,构成活细菌的一切物质都存在于溶液中,但这些物质已经被分解成小的化学碎片，像是科学上的"矮胖子"①。一个"矮胖子"细胞能被重新组装起来吗？

生命需要水，所以让我们把这些化学碎片放进一个烧瓶里，里面有来自火山的淡水，比如新西兰罗托鲁阿火山附近的温泉泉水。请记住，火山淡水是通过蒸发从附近的海洋中蒸馏出来的，然后以降水的形式落下，所以它不像海水那样咸。现在，我们等着看烧瓶中的化学碎片是否会重新聚合成活细菌。如果你凭直觉猜测活细菌永远不会出现，那么你猜对了。无论我们等待多长的时间，也是什么都不会发生的。为什么不会发生呢？答案很简单。单体合成聚合物需要能量，烧瓶中没有能量可用于制造聚合物。

那么我们如何添加能量呢？在生命诞生之前的早期地球上，有三种能量来源。阳光会是最充足的能量来源，就像今天一样，但如果我们把烧瓶暴露在阳光下，同样什么也不会发生，因为没有叶绿素之类的色素可以捕捉光能。另一种能量来源被称为化学能，但是当细菌被分解成更小的分子时，细菌中的

---

① 矮胖子，英文为 Humpty Dumpty，是《鹅妈妈童谣》中的人物。该词可指代一经损坏便无法修复的东西。——译者注

所有化学能都将丢失。还有最后一种能量来源，就是烧瓶中的淡水在火山温泉的高温下蒸发时释放的能量。水的蒸发使化学碎片越来越浓缩，当这些化学碎片完全干燥时，单体之间就开始形成化学键。例如，肽键将氨基酸连接成类似蛋白质的小链，酯键将核苷酸连接成短链核酸。如果干膜被雨水重新水化，则新形成的混合物中也存在脂肪酸，它们会组装成微小的囊泡（图 2.6）。这些囊泡含有聚合物，虽然它们还没有生命，但已经向重新组装原始细菌迈出了一步。

我们无法在实验室组装细胞

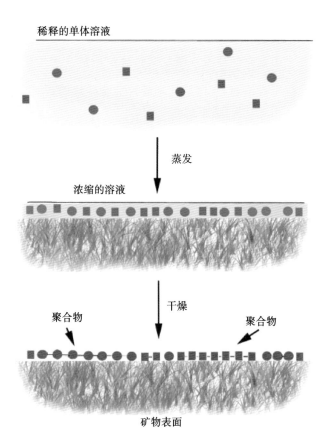

稀释的单体溶液

蒸发

浓缩的溶液

干燥

聚合物   聚合物

矿物表面

图 2.6 单体溶液蒸发后可以形成聚合物。 单体溶液高度浓缩并附着在矿物表面，然后在完全干燥时单体之间开始形成化学键。糖果制造商用这种方法制作太妃糖，太妃糖是通过加热和干燥而聚合形成的糖分子聚合物。

资料来源：作者。

我们是怎么知道的呢?

　　大量的证据表明,单体只需在适当的高温下干燥成膜即可聚合。许多证据由于技术含量过高而无法在此描述,但最令人信服的是,我们可以通过一种被称为原子力显微镜的特殊设备看到聚合物分子。图 2.7 显示了通过在一片云母上干燥稀释的核苷酸溶液而合成的 RNA 聚合物。一些聚合物分子已形成了环(箭头所指处)。

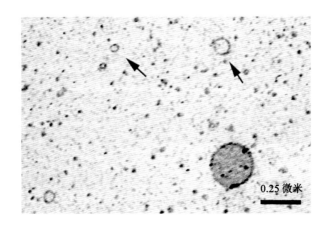

0.25 微米

图 2.7　当核酸单体暴露于模拟温泉中发生的干湿循环的循环过程中时,聚合物就会通过自组装而形成。这张图片显示了原子力显微镜下的聚合物分子形成的环。

资料来源:图厄·哈森卡姆(Tue Hassenkam)。

蒸发产生的能量是迄今为止最简单的能量来源,在早期地球上,这种能量是丰富的,可以使各种单体暴露在干湿循环中,通过形成酯键和肽键聚合。我们可以得出结论,生命起源所需的聚合物不一定是生命发明的。相反,聚合物是连续合成的,然后被封装在自组装的膜囊泡中,形成原始细胞。尽管原始细胞是朝最初的生命形式迈出的重要一步,但封装在聚合物中的单体序列是随机的。在现今的活细胞中,聚合物含有特定的单体序列,这些单体对于酶催化或存储遗传信息等功能来说是必需的。与生命起源有关的尚待解决的重大问题之一是,这些功能如何整合到原本随机排列的单体组成的聚合物中?

催化剂是现今所有生命必不可少的,对最早的生命形式来说也是如此

"催化剂"一词在日常用语中的意思是激活一个过程的某物或某人,但在化学中的意思不同。化学中的催化剂是能加快化学反应速率但本身不发生变化的物质。汽车发动机上的催化转化器中的催化剂是一种常见的无机催化剂。汽油或柴油发动机将液态烃蒸汽与空气中的氧气结合,在气缸中发生可控

爆炸,爆炸产生的热气推动活塞向下运动。向下的运动被传递到连杆上,使曲轴旋转并转动车轮。然而,爆炸会产生一些副产物,包括一氧化碳、氮氧化物和未充分燃烧的碳氢化合物,如果不加以处理,它们就会变成烟雾。在这种情况下,催化剂就是少量散布在陶瓷载体上的铂。当潜在烟雾化合物的混合物通过催化转化器时,铂的催化作用促使其转化为二氧化碳、水蒸气和氮气。

大多数酶是完全由 100 个或更多的氨基酸分子组成的蛋白质,这些分子通过肽键连接成一条链。氨基酸序列使链折叠成具有活性部位的精密结构,特定氨基酸在活性部位紧密结合在一起。金属也被掺入某些酶中。例如,线粒体电子传递系统的细胞色素中有铁原子,而光合作用中从水中剥离电子的酶中含有钼。也许在早期的地球上,含有铁和铜等金属的矿物充当了生物相关反应的催化剂,然后被纳入蛋白质催化剂中。例如,氧化铁可以充当过氧化氢分解为水和氧气这一反应的催化剂。过氧化氢酶在活细胞中起同样的作用,铁原子是其活性部位的组成部分。

我们是怎么知道的呢?

由于数以千计的蛋白质酶是现今所有生命的必不可少的

组成部分,所以生物化学家已经对它们进行了上百年或更久的研究。它们的结构已经通过 X 射线衍射确定,我们也知道其作用机理的细节。如果你想难倒一位知识渊博的酶学专家,就问他一个简单的问题:第一种酶是什么? 他们会说:"抱歉,我们还不知道答案,但由 RNA 组成的核酶可能是早期生命使用的第一种催化剂。"在第 3 章,我们还会再回到这个问题上进行探讨。

循环是生命起源的必要条件

现今的生命具有循环的特征,最显著的是生长和繁殖的循环。如果没有这个循环,生命就不可能超越简单的化学反应。原因是生命利用遗传信息米指导其生长,在每个生殖周期中,编码遗传信息的 DNA 序列可能会发生被称为突变的微小变化。大多数突变是无害的,但也有少数是致命的,导致其所属生命线的灭绝。还有一些突变碰巧在某种程度上是有益的,比如使得某些细菌能够抵抗原本致命的抗生素的突变。当我们查看化石记录时,很明显,生命自 40 亿年前出现以来已经变得越来越复杂,而实现这一点的唯一方法是拥有生长和繁殖的循环,使突变得以积累并改变生物体的数量。

　　植物生殖周期中有一部分不太明显。为了生长,植物必须有水源,当植物繁殖时,它们产生的种子或孢子将遗传信息散布到环境中。种子大部分是干燥的,在没有液态水的情况下处于休眠状态。当种子吸收水分后,种子中的细胞开始生长和繁殖,直到种子长成成熟的植物。干湿循环是植物的特点,而一些动物,如缓步动物,也能在干燥的环境中生存。因为循环对于现今的生命来说是必不可少的,所以或许对于生命起源来说也是必不可少的。

干湿循环是植物的特点

我们是怎么知道的呢？

毫无疑问，早期地球上的火山地块像今天一样，经历着无数次的干湿循环。间歇泉的活动会形成最快的循环：大量的水从地下喷射到空气中，落在间歇泉周围的炽热岩石上。岩石散发的热量使水雾在几分钟内蒸发。流入小池的波动的温泉具有较长的周期（以小时计算）。随着水位的上升和下降，小池的边缘经历着干湿循环，并且在干燥状态下，浓缩溶质形成的膜会留在矿物表面上。周期最长的干湿循环与温度的波动有关，露水在夜间形成，在白天蒸发，然后形成降水。很明显，干湿循环不能在海洋深处发生，但在潮间带很常见。

干湿循环的几个物理和化学性质对于了解生命的起源是很重要的。其中一个物理性质与前面讨论过的有机溶质的浓度有关。回想一下，稀释的单体溶液反应很慢，或者根本不发生反应，所以像干湿循环这样的浓缩机制是必不可少的。此外，随着水分在干燥过程中蒸发，可用于支持酯和生物聚合物（如核酸和蛋白质）肽键合成的能量增加了。但是，聚合物的单体序列是随机的。它们是如何纳入遗传信息或折叠成具有催化能力的酶的呢？

干湿循环现在可以起作用了。循环不断地将能量泵送到分子系统中,这些分子系统在干燥阶段会合成多种封装的聚合物,然后在原始细胞处于循环的湿润阶段时在组装过程中对聚合物施加压力。大多数原始细胞被破坏后,其成分被循环利用,但是少数分子系统能够承受化学和物理压力,因为它们恰好含有稳定的或具有催化功能的聚合物。结果,最初随机的聚合物中含有越来越多的非随机的单体序列,并经过选择让自身更稳定,从而可以逐步向生命起源发展。

一些化学反应增加分子的复杂性,另一些则分解复杂的分子

每个人都听过这句老话:有起必有落。让我们思考一下这句话。把棒球抛向空中需要能量,因为你在做与重力相反的功。能量储存在上升的球中,然后在球落回地球时释放出来。聚合反应也需要能量,因为水分子从单体之间被解析出来形成化学键。当缺乏能量来源时,水开始以一种被称为水解的自发过程打破化学键,释放所储存的能量。聚合物的合成和水解对生命来说都是必不可少的。例如,食物中含有淀粉和蛋白质等聚合物,从食物中获得营养的唯一方法是将聚合物分解成它们

的单体——葡萄糖和氨基酸。在消化过程中发生的水解是由酶催化的,淀粉酶和麦芽糖酶催化淀粉水解为葡萄糖,而蛋白酶则催化蛋白质水解为氨基酸。

前面我们描述了一种简单的能量来源是如何促使诸如氨基酸和核苷酸之类的单体通过化学键连接成生命诞生所需的聚合物的。然而,同样的条件下也会发生相反的过程。如果合成了聚合物,它们将不可避免地会分解。必定有一种方法可以让聚合物持续存在足够长的时间,让生命得以形成。

食物中含有淀粉和蛋白质等聚合物

我们是怎么知道的呢？

水解（hydrolysis，来自希腊语，意思是"水破裂"）是当今生活中主要的分解反应。由于水解是如此重要，我们已经测量了水解速率，结果表明肽键和酯键惊人地稳定。例如，在常温和酸碱度呈中性的条件下，蛋白质和核酸在水溶液中可以稳定存在数年，只有在高温和强酸性或强碱性条件下它们才开始大量水解。当今的生命之所以能稳定存在，是因为聚合物可以快速合成，但水解缓慢。生命形成时，最初合成的聚合物肯定也是如此。如果最初的聚合物像合成时那样快地被水解，生命就不可能在地球上出现。

生命取决于核酸和蛋白质之间的信息传递循环

我们如果想要理解生命的起源，现在就要着手解决一个关键问题：一个活细胞的信息传递循环是如何发生的？在现今的生命中，这个信息传递循环涉及催化 mRNA（信使 RNA）从DNA 模板转录的酶，这样编码遗传信息的碱基序列就被转录成 mRNA 中的碱基序列。mRNA 转移到核糖体，核糖体将遗传信息翻译成蛋白质中的氨基酸序列，而某些蛋白质是催化DNA 合成的酶，碱基序列由此被复制。这样就结束了这个循环,如图 2.8 所示,它说明了当今生命的复杂性是令人吃惊的。

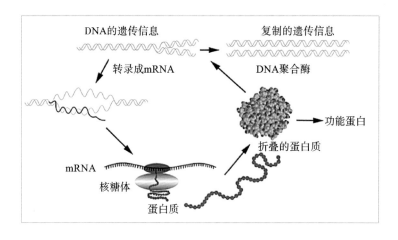

图 2.8 遗传信息指导具有催化作用的聚合物合成,具有催化作用的聚合物反过来又复制遗传信息,这种循环是当今所有生命的基本特征。

这样的循环似乎不可能在早期地球上自发地形成,所以一定有分子的原始版本,然后这些分子慢慢地进化出越来越有效的功能。在通常用法中,"原始"这个词往往意味着复杂事物的简单版本。这个词在这里很合适,但它的本义是"从一开始"。这就引出了一系列需要回答的问题,然后我们才能理解在一个贫瘠但适宜居住的星球上生命是如何诞生的。这些问题将在第 3 章讨论,以下是部分清单:

(1) 图 2.8 中的箭头表明发生了一些需要能量的事情。

能量的来源是什么？

（2）合成核酸和蛋白质所需的单体从何而来？单体是如何聚合成核酸和蛋白质的原始版本的？

（3）氨基酸和核苷酸的序列一开始一定是随机的。基因信息是如何融入核酸的？一些蛋白质又是如何作为酶发挥催化作用的？

（4）原始核糖体的进化过程是怎样的呢？

（5）指导DNA中的碱基序列翻译成氨基酸序列的遗传密码又是如何建立的？

如今，我们已经知道了聚合物分子在活细胞中的功能，但如果我们问这样一个简单的问题：这一切是如何开始的？我们的理解也就到达尽头了。

已知的最古老的生命化石证据存在于大约 35 亿年前

今天的地球与大约40亿年前生命诞生时的地球截然不同。如今，海洋面积约占地球表面积的2/3，地块大多以漂浮在炽热的液态岩浆海中的大陆形式存在。40亿年前，微型大陆才刚刚开始形成，大部分地块是火山地块。当火山冲破地壳喷出岩浆时，我们可以窥见大陆下面是什么。除了像夏威夷岛上的基拉韦亚火山这样的特例外,地球上的大部分火山沿着亚洲、北美洲、南美洲与太平洋交会处的环太平洋火山带分布。

由于在大陆形成过程中发生了巨大的变化,地球原始的地壳几乎没有留下任何东西。幸运的是,有一些零散的地块残留下来,至今仍可用于地质研究。其中之一是位于格陵兰岛的伊苏阿(Isua),或者用地质学术语来说,北大西洋克拉通伊苏阿表壳岩带。伊苏阿由沉积岩组成,这些沉积岩是小的矿物颗粒掉落到海底时形成的,矿物组成主要是石灰石和氧化铁,在沉积物中显示为红色条带。这些岩石的年龄在 37 亿年到 38 亿年之间,是由铀衰变为铅的速率确定的。在伊苏阿的岩石中没有发现生命的化石证据。那么最早的生命化石是在哪里发现的呢?

20 世纪 80 年代,澳大利亚地质学家开始勘探西澳大利亚的皮尔巴拉(Pilbara)地区,那里的岩石可追溯到 34.6 亿年前。他们注意到附图 15 中一些非常奇怪的构造,并意识到它们是细菌在生长过程中形成矿化层时产生的叠层石。事实上,仅在 200 英里外的鲨鱼湾,有生命的叠层石仍在生长。其他研究人员收集了同一地区的远古时代岩石,并开始寻找可能保存在沉积物中的细菌化石。一些科学家认为图 2.9 中模糊不清的微小颗粒实际上并不是化石,这导致研究结果有很大的争议,但现在有一种共识,至少其中一些颗粒是真实的化石。

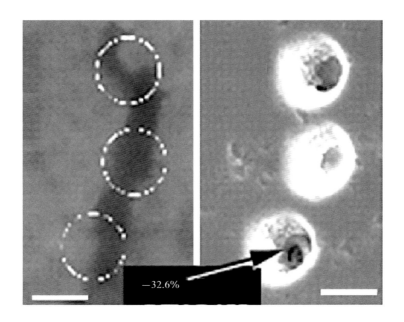

图 2.9　这是近 35 亿年前的细菌化石的显微照片。 原始细菌只剩下镶嵌在硅
　　　酸盐矿物中的碳。 我们可以通过一种复杂的方法来分析碳元素，从而
　　　判断碳元素是否经过了代谢过程。 -32.6% 是指自然界中存在的两种
　　　碳的比例。 一种是普通碳，其相对原子质量为 12(原子核中有 6 个质
　　　子和 6 个中子)，另一种碳的相对原子质量为 13，因为它有一个额外的
　　　中子。 如果碳在代谢过程中被处理，较轻的碳就会稍微多一些，差异
　　　以千分比表示。 -32.6% 显然证明了细菌化石中的碳比已知的无机碳
　　　样品轻，这支持了该化石曾经是一个有生命的有机体的结论。

资料来源：威廉·舍普夫(William Schopf)。

3 我们还需要
探索什么

本书的书名是《生命起源》。每个人都需要知道的不仅是我们目前找到的答案，还有遗留下来的问题。这是因为科学的前沿并不在于答案，而在于所有未解决的问题。研究这些问题的科学家受到他们的想法的引导，但这些想法往往彼此不一致。这并不意味着相互冲突的观点应该被抛弃。相反，我们先评估实验结果或观察证据，然后决定它们有多大的解释力。

本章节将描述一些重要的未解决的问题。如果你是一名想从事科学事业的学生，你可以在余生研究以下任何一个问题，这些问题都是非常重要的。

RNA 世界是真实的，还是只是猜测？

当有人形成一个关于地球上的生命可能如何起源的观点时，他们通常会给它起一个名字，以便于记忆。例如，铁硫世界、脂质世界和 RNA 世界。RNA 世界是由一些研究生命起源的杰出科学家提出的，其中包括弗朗西斯·克里克、卡尔·沃斯（Carl Woese）和莱斯利·奥格尔（Leslie Orgel）。该观点中最重要的内容可能是人们认识到某些种类的 RNA 是催化剂：因为它们是由 RNA 组成的，而不是像酶那样由蛋白质组成,所以被称为核酶。RNA 既能充当催化剂,又能储存遗传信息,这一想法促使沃特·吉尔伯特提出,最初的生命形式并非始于 DNA、RNA 和蛋白质之间复杂的相互作用,而是在 RNA 世界里完全依赖于 RNA。

一个好的假说会提出一个问题并给出一个可能的答案,还可能做出预测。例如,如果最初的生命只使用 RNA,那么我们应该能在当今的生命中找到其残余物。实际上,我们已经发现了不少残余物。基于核糖核苷酸的化合物,例如 ATP(所有活

最初的生命形式或许完全依赖于RNA

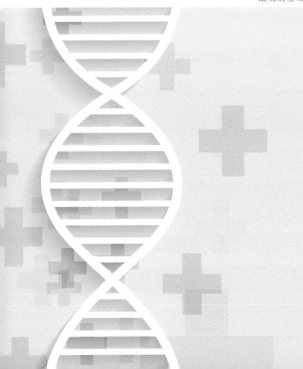

细胞的能量货币),在新陈代谢中起着至关重要的作用。更令人惊讶的是,核糖体中蛋白质合成的活性部位是核酶,这暗示生命的最初形式实际上确实使用 RNA 充当催化剂和存储信息。

尽管这些观察结果支持 RNA 世界假说,但我们的知识中仍有大量空白有待填补。我们还不知道在早期的地球上核苷酸是如何合成的,也不知道它们是如何聚合成足够大的 RNA 分子来充当核酶的。我们知道生物 RNA 容易水解,所以即使它可以被合成,它又如何能够持续存在足够长的时间来参与 RNA 世界中生命形成的过程呢?

这些都是令人关注的重要问题,但在研究生命的起源时,没有人会抱有特别乐观的态度。一个又一个看似无法解决的问题,结果却有令人惊讶的简单答案。100 多年前,当奥巴林和霍尔丹开始思考生命是如何出现的时候,没有人会想到在生命起源前的地球上有氨基酸。这就是为什么斯坦利·米勒的电火花实验结果具有如此大的启示作用,紧接着我们又发现默奇森陨石含有不少于 70 种被归类为氨基酸的有机化合物。默奇森陨石中还含有碱基,再次证实生命的基本组成部分可以通过自然发生的化学反应合成。腺嘌呤是核酸中存在的 5 种碱基之一。没有人会想到在早期的地球上也有这种物质,但胡安·奥罗(Juan Oro)证明了使用氰化氢可以很容易地合成腺嘌呤这种物质。

总而言之,RNA 世界的概念作为工作假说,具有巨大的价值。当前的目标是在实验室中发现一种制造简单的封装分子系统的方法,该系统使用核酶生长和繁殖。最终的测试将是看看该系统是否能在自然条件下运作,比如在生命起源前的地球上常见的温泉中运作。

什么是新陈代谢? 它是如何产生的?

新陈代谢是由酶催化的反应组成的一系列过程,它将有机分子转化为维持生命所必需的产物。100 多年来,成千上万的生物化学家致力于了解新陈代谢,因此我们非常了解新陈代谢各个步骤的惊人细节。但是,我们真的理解新陈代谢在生命的最初形式中是如何发生的吗?

其中涉及 5 个主要过程：

（1）营养物质被运送到细胞中，并转变成支持生长的化合物。

（2）营养物质的能量被捕获和利用。

（3）能量和营养物质被用来合成聚合物，作为酶和结构成分。

（4）合成其他可存储和利用遗传信息的聚合物。

（5）受损的聚合物被降解为小分子物质，这个过程被称为分解代谢。

理解第一个过程的最简单方法是通过一个示例来理解。葡萄糖是细胞的能量来源之一，在所有活细胞中通过糖酵解这一代谢途径被降解。这是最简单的代谢过程之一，但它涉及10 种不同的反应，每一种反应都由一种酶催化。在生命起源前的地球上，如此复杂的一系列反应是如何从有机化合物和能源的混沌混合物中产生的？当然，我们还不知道。但我们目前知道的是，如果有化学能，化合物的混合物会发生反应，形成更复杂的分子。例如，甲醛可以与自身反应形成核糖和葡萄糖等化合物。我们还知道甲醛可以和氰化氢反应生成氨基酸。这些化学反应现在还没有被生命利用,但是它们的确说明了一种可能性,即新陈代谢的原始版本可能是从有机化合物积累的小池塘中发生的自发反应中产生的。

我们只是触及了可能的表面。例如,磷酸盐对如今所有的生命来说都是必不可少的,但我们只知道在溶液中磷酸盐可以参与有机化合物的几个反应,而这正是糖酵解的第一步。如果我们不仅能发现这个反应,还能发现一种可能的催化剂,我们就可能开始了解糖酵解(这是最重要的代谢反应之一)是如何融入最初的生命形式中去的。

最早的催化剂是什么?

在如今的生命中,很明显,核酶形式的 RNA 可以充当催化剂,这一发现催生了 RNA 世界这个概念。但是核酶并不是非常有效的催化剂。有一个称为转换数的生化术语,指的是一个催化剂分子将反应物分子转化为产物的速率。一个催化速度非常快的核酶分子每秒可催化 15 个反应物分子,而蛋白酶的催化速度要比核酶快数千倍。其中催化速度最快的是一种叫作过氧化氢酶的酶，它的催化速度为每秒催化 1000 万个过氧化氢分子。

虽然核酶可能是最早的催化剂，但如今，大多数生物催化剂是由数百种氨基酸组成的蛋白酶，这些氨基酸以非常精确的顺序连接在一起，并受 DNA 中遗传序列的指导。这样的复杂分子不可能在早期地球自发地出现，因此必须有更简单的物质充当催化剂。这有很多可能性，其中一些涉及某些金属的化学性质，一个很好的例子是前面提到的过氧化氢酶。为了了解过氧化氢酶为何如此重要，我们需要了解过氧化氢。过氧化氢是一种拥有两个氧原子的水分子：HOOH 代替 HOH（H_2O）。化学化合物中的大多数电子成对出现，因此 HOOH 可以写为 HO：OH，其中两个点代表形成连接两个 OH 基团的化学键的电子对。但是过氧化物具有自发断开化学键的趋势：HOOH→2HO·。HO 后面的小点表示未配对的电子，带有未配对电子的化合物称为自由基。它们具有极强的反应性，会损坏 DNA 和蛋白质等聚合物。这就是过氧化氢可以用作消毒剂的原因。

我们知道线粒体产生的过氧化氢是氧化代谢的副产物，

那么为什么它对细胞没有毒性呢？原因是细胞受过氧化氢酶保护。如果将少量的过氧化氢酶加到一瓶3％过氧化氢溶液中，瓶中就会突然出现气泡，气泡甚至可能从瓶口溢出。过氧化氢酶通过将过氧化氢分解成水和氧气来加快反应速度。催化剂的科学含义是可以使化学反应更快地朝平衡方向发展，而无须改变自身，因此过氧化氢酶是一种催化剂。它使反应的速度加快了100万倍，但在反应结束后它仍然保持原样。

那么过氧化氢酶中的什么成分导致反应加快呢？过氧化氢酶的化学结构分析表明，它是由四个氨基酸组成的亚基构成的。每个亚基都有一个特殊分子，称为卟啉，这个特殊分子含有一个铁原子。卟啉铁配合物本身也可以作为分解过氧化物的催化剂，尽管催化速度不及过氧化氢酶。实际上，我们甚至可以在过氧化氢中添加氧化铁，铁本身就会使反应进行得更快。

关键是非常简单的化合物，尤其是金属，可以起到催化剂的作用。过氧化氢酶中的铁原子使其呈现独特的绿色，而血液中的铁则使血红蛋白呈现鲜明的红色。铁还存在于线粒体电子传递链的细胞色素酶中,该酶将电子从糖酵解产生的丙酮酸等来源转移给氧。细胞色素也呈红色,而细胞色素这个词实际上是指"细胞颜色"。铁原子和铜原子都存在于细胞色素氧化酶中,该酶催化电子被传递给氧的最后一步,而植物呈现绿色则是由于叶绿素分子中心的镁原子能让植物捕获光能。从叶绿素释放的电子是当今地球上所有生命的能量来源。我们还不知道最初的生命形式中的催化剂是什么,但其中一些很可能包含铁、铜和镁等金属的原子。

植物呈现的绿色与镁原子有关

调控反馈环是如何开始起作用的？

当我们思考生命如何产生时，经常会忽略调控反馈环，这可能是因为我们有一种自然的倾向，即致力于更简单的反应，如合成氨基酸和碱基等生物分子。当我们进入一个新的阶段时，反馈环就变得很重要，在这个阶段，聚合物系统开始协同工作。

为了理解反馈环的含义，请想一下，如果你家中的温度和恒温器之间没有任何调控反馈，将会发生什么情况。你可能有时感觉太热有时感觉太冷，这就是我们需要恒温器来控制温度的原因。如果房屋中的温度太低，则恒温器会感测到低温并开始工作，它散发的热量使空气的温度升高。当空气达到合适的温度时，恒温器将关闭环路，停止工作。生命也是一样的。在没有反馈调控的情况下，生命过程将是混乱的。代谢反应太快或太慢，生命的主要成分相应地会被合成过多或过少。因此，当今所有生命中都有一个复杂的调控反馈环系统。

让我们考虑一些生物学的例子，其中一些是我们熟悉的，另一些则隐藏在分子层次的组织中。在生物体层面，我们的身体在大脑神经系统中嵌入了一个"恒温器"。如果温度太低，就会发抖以产生热量；如果温度太高，则会出汗以散发掉多余的热量。

在生理水平上，如果血液中的葡萄糖浓度过高，胰腺就会分泌更多的胰岛素，使葡萄糖能够更快地输送到肌肉细胞和脂肪组织中。如果血液中的葡萄糖过少，另一种激素会使葡萄糖从储存在肝脏内的糖原中释放出来。

在分子水平上，需要一种方法来控制催化剂的转换数。如果有太多的产物，它就必须放慢催化速度；如果产物太少，它就应该加快催化速度。例如，ATP 在与主体分子相连的三磷酸盐的第二和第三个磷酸盐之间的键中含有化学能。当需要能量时，这个键被水解生成 ADP（腺苷二磷酸）和磷酸盐。现在假设你决定出去慢跑，当你运动时，储存在 ATP 中的能量被用来驱动肌肉收缩，导致 ADP 和磷酸盐在细胞中积累，ATP 的数量减少。因为 ATP 抑制了参与代谢能量生产的 4 种酶，所以，当 ATP 水平下降时，这些酶就会加快催化速度，从而合成更多的 ATP。

最初的生命形式是如何形成这样的调控反馈环的呢？这个基本问题尚未得到解决，但是阿龙·恩格尔哈特（Aaron Engelhart）、凯特·阿达马拉（Kate Adamala）、杰克·绍斯塔克(Jack Szostak)合作发表的一篇开创性论文证明了一个简单的反馈机制。在实验中,他们使用了一种由两条 RNA 链组成的核酶。核酶可以通过破坏一种将两条 RNA 链连接在一起的化学键来作用于自身,但前提是两条 RNA 链必须结合在一起。核酶与高浓度的寡核苷酸一起封装在囊泡中,寡核苷酸与核酶的结合阻止了两条 RNA 链结合在一起被激活。接着,他们添加了更多的脂肪酸来模拟细胞的生长。这样一来,囊泡膜增长了,使得囊泡内部具有抑制作用的 RNA 浓度变低,RNA 脱落,两条 RNA 链结合在一起被激活。

多么复杂的实验啊。然而,这是一个简单的反馈示例,它甚至不是一个反馈环,因为当 RNA 被稀释导致核酶被激活时,信号只沿一个方向传递。如果这是一个真正的反馈环,那么核酶就会制造更多具有抑制作用的短链 RNA,并在 RNA 浓度过高时将自身关闭。但这个例子确实说明了,要理解反馈环如何在最初的细胞生命形式中开始调节代谢功能,还是相当困难的。

生命同手性是如何发展而来的?

关于地球上的生命有一个很深奥的谜团,至今还没有人能够解开。在揭开这个谜底之前,我们需要知道三个词的含义:手性、外消旋体和对映异构体。

手性(chirality)这个词来自一个与手有关的希腊单词,已经被并入了几个英语单词中。例如,脊柱推拿疗法(chiropractic)是一种用双手治疗各种疾病的方法,而翼手目(Chiroptera)是蝙蝠的学名。因此,手性一定与手有关。

手的一个明显的属性就是我们所说的"利手性",意思是我们的左手和右手不能重叠。换句话说,右手的手套不适合你的

人的左手和右手无法重叠

左手,反之亦然。一些有机分子(不是所有的有机分子)也有利手性。作为分子结构的一部分,碳有四个化学键,这些化学键通常以碳原子为中心呈四面体排列。如果四个键连在四种不同的基团上,化合物将是手性化合物,但如果两个或两个以上的基团是相同的,化合物则不是手性化合物。

为了说明这一点,我们可以思考一下甘氨酸和丙氨酸这两种氨基酸。甘氨酸分子的中心碳原子与两个氢原子、一个氨基($—NH_2$)中的氮原子和一个羧基($—COOH$)中的碳原子形成化学键,而丙氨酸分子的中心碳原子与一个氢原子、一个氮原子、一个羧基中的碳原子和一个甲基($—CH_3$)形成化学键。换句话说,与丙氨酸分子的中心碳原子相连的所有四个原子或基团都是不同的,这就是它是手性分子的原因,而中心碳原子上带有两个氢原子的甘氨酸分子则不是手性分子。另一种思考方式是甘氨酸分子的镜像可以重叠,而丙氨酸分子的镜像不能重叠(图 3.1)。手性分子的镜像称为对映异构体,两个对映异构体的混合物称为外消旋体。

有关手性的研究可能只是化学的一个分支,除了一个事实例外:所有生命仅使用氨基酸和糖类两种可能的对映异构体之一。换句话说,生命是同手性的。氨基酸(甘氨酸除外)是 L-

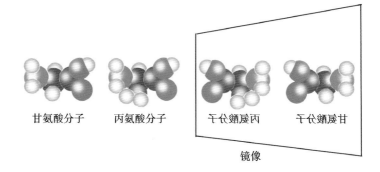

甘氨酸分子　　　丙氨酸分子　　　丙遊臠僜瞐　　　甘遊臠僜瞐

镜像

图 3.1 甘氨酸和丙氨酸的分子结构及其镜像。 将甘氨酸分子的镜像旋转

180°，会看到它与原始图像完全重叠。对丙氨酸分子做同样的处

理，其镜像与原始图像就不会重叠，就像我们的右手不能戴上左手

手套一样。这种性质使丙氨酸分子成为手性分子，而甘氨酸分子

是非手性分子。

资料来源：作者。

对映体，而糖类是 D-对映体(L 是 levo- 的缩略，在拉丁语中的
意思是左；D 是 dextro- 的缩略，在拉丁语中的意思是右)。尽
管我们尚不知道生命的手性是如何发展而来的，但我们知道为
什么同手性必不可少。把生命的结构想象成一幅巨大的拼图，
所有的碎片可以完美地拼在一起。换句话说，它们是同手性
的。如果将一半碎片倒过来使之成为外消旋体，那么它们永远
不能组合成一幅完整的拼图。生物聚合物的氨基酸和糖类就

像拼图一样,它们只有具有同手性才能在聚合物中结合。

在生命起源前的地球上,有机化合物是由化学反应而不是生物酶催化合成的,所以它们一定是外消旋体。最初的生命形式是如何将它们组合成功能聚合物的呢? 目前,人们对此持很多不同观点,还没有达成共识。其中最简单的观点是,与生命有关的第一个聚合物不是由生物酶催化合成的,因而生命是由外消旋单体组成的。在它们的合成和水解循环过程中,任何恰巧含有过量 L-对映体或 D-对映体单体的聚合物都更稳定,或者作为催化剂更有效。如果是这样的,那么这类聚合物将被选中,并迅速在最初的生命形式的竞争中占据优势。

什么是光合作用? 它是如何产生的?

我们享受着日常生活,呼吸氧气,早餐吃麦片、喝牛奶,还可以欣赏窗外的草坪和树木。我们从来没有停下来想一想,所有这一切可能皆缘于大约 40 亿年前一些微生物细胞就开始捕获光能。光能的发现为人类提供了源源不断的生物能源,并将贫瘠的早期地球变成了一个人类可以繁衍生息的星球。目前没有人知道光合作用是如何开始的,但我们知道如何找到答

案。我们可以先了解如今的光合作用的原理,然后想想 40 亿
年前,甚至在生命诞生之前,原始的光合作用是如何捕获光
能的。

当阳光照射植物时,到底会发生什么? 我们在中学课堂上
得知,一种叫作叶绿素的东西使植物变绿。通常被忽视的是,
绿色并不重要。它只是叶绿素捕获到被吸收的红光和蓝光后
剩下的光的颜色。附图 16 显示了植物细胞中的叶绿体结构,
所有的光合作用反应都发生在这里。当研究人员首次从植物

植物光合作用示意

组织中分离出叶绿体时,他们惊讶地发现叶绿体中所包含的
DNA 具有与蓝细菌相关的碱基序列。这意味着植物中含有的
细胞器来自细菌物种,这些细菌最早进化出了光合作用能力,
并生成氧气,而氧气现在已成为动物生命的主要能源。

　　叶绿素如何处理它所吸收的光?这就是它变得复杂的地
方,但基本原理并不太难理解。叶绿素分子的电子结构捕获光
的光子,并从基态跳到激发态。这类似于音叉,当它发出 440
赫兹的声音时,与钢琴琴键最中间的 A4 的声音频率一致。如
果你在一个安静的房间里听音叉发出什么样的声音,你是什么
也听不到的。但是当你把音叉拿到城市街道上时,它会暴露在
一种混合的声音中,我们称之为白噪声。这时,如果你把音叉
举到耳边,你会听到它振动并发出 A4 音。有一些白噪声的振
动频率是 440 赫兹,音叉正好吸收了这些白噪声的能量并以更
大振幅振动(这个过程叫作共振),发出你听到的声音。叶绿素
就像一个音叉,但它主要吸收照射到它的阳光中的红光和蓝
光。音叉对 440 赫兹的频率做出反应,而红光和蓝光的频率达
到了 10^{14} 赫兹这个数量级!

　　现在我们可以描述光合作用的第一步是如何运作的。叶
绿素的激发态不仅仅指它吸收光子的能量时发生振动。它通

过将电子释放到一组称为电子传递链的蛋白质中来消除多余的能量,在这组蛋白质的末端,电子最终到达一种称为烟酰胺腺嘌呤二核苷酸磷酸(nicotinamide adenine dinucleotide phosphate,NADP)的化合物上。令人惊讶的是,这些电子代表了地球上几乎所有生命的能源,因为它们被用来将二氧化碳转化为糖类。此外,当它们沿着电子传递链向下移动时,它们的传递与在膜上建立质子梯度的反应相耦合。梯度的能量用于合成 ATP,ATP 会驱动将二氧化碳转化为糖类的代谢反应。最后,叶绿素释放的电子必须被替换掉。电子来自哪里?来自水。叶绿体中的高能反应会从水中剥离电子,留下氧气,而氧气是包括人类在内的动物生命的能源。

如此复杂的过程是如何开始的呢?它当然不涉及叶绿素,叶绿素是只能由酶催化合成的结构非常复杂的分子。一定有很多分子结构更简单的有机化合物,且可以吸收光能,进而达到能提供电子的激发态。多环芳烃可能是其中一种,它可能是宇宙中最丰富的有机化合物。它存在于碳质陨石中,因此我们知道它可以通过非生物化学方式合成,并传递到地球表面。此外,一些开创性工作表明,多环芳烃分子处于激发态时可以给其他分子提供电子,也可以固定二氧化碳。未来的研究可能会揭示多环芳烃嵌入细胞膜的方式,以及作为光合作用的开始的可能性。

第一个核糖体是什么?

这是与生命起源有关的最深层的问题之一。核糖体是极其复杂的分子机器,可将 DNA 的遗传信息转化为蛋白质中近乎完美的氨基酸序列。最简单的核糖体是细菌的核糖体,早期研究表明,它们由一个大亚基和一个小亚基组成。真核生物核糖体与细菌核糖体具有相同的基本结构,只是多了一些元素。

核糖体的结构是如何建立的? 它们太小了,用普通光学显微镜是看不见的,所以借助 X 射线来观察。如果让食盐的溶液慢慢蒸发,溶液中就会出现漂亮的立方晶体。一个世纪前,有人做了一个实验,将一束 X 射线对准放置在胶片前面的一个这样的晶体。令人惊奇的结果出现了,光束在胶片上产生了一个由圆点组成的图样,被称为衍射图样,是由 X 射线被晶体内有组织的原子层反射而呈现的。晶体的原子结构可以从图样中推断出来。

100 年后,几个实验室成功地制造出了核糖体晶体,然后使用 X 射线衍射推断出原子在分子中的排列方式(附图 17)。
这需要大量的工作,因为单个核糖体包含 140000 个原子。确
定核糖体晶体结构的三个团队的负责人分享了 2009 年诺贝尔
化学奖。

现在我们知道了核糖体的结构,可以开始考虑原始的核糖
体是如何成为早期生命的重要组成部分的。洛伦·威廉斯
(Loren Williams)和他在佐治亚理工学院的研究小组通过仔
细分析核糖体的 RNA 和蛋白质,并推断哪一部分可能是最古
老的,取得了一些进展。附图 17 中显示了他们迄今为止取得
的进展。他们必须假设在阶段 1 有一个未知的小 RNA 分子
来源。逐渐地,原始 RNA 与其他形式的 RNA 形成越来越复
杂的关系,最终在阶段 6 添加蛋白质,以产生原始的大亚基。

这是一项出色的开创性工作,但仍然存在遗留问题:RNA
分子最初来自哪里? 核糖体从哪一个时间点开始使用 mRNA
中编码的碱基序列来合成蛋白质? 在最初的生命形式中,关于
核糖体的起源还有很多要了解的内容。

基因密码是如何出现的?

1953 年,詹姆斯·沃森和弗朗西斯·克里克公布了 DNA

的双螺旋结构,这是一项新发现,因为这种结构解释了遗传信息是如何存储、使用和代代复制下去的。一代又一代的科学家逐渐地将生命的拼图碎片拼凑在一起。下一个问题是确定遗传信息是如何存储的,以及核糖体如何利用这些信息来指导蛋白质的合成。弗朗西斯·克里克称之为"中心法则"(central dogma)的过程,涉及在 DNA 的碱基序列中存储信息,将信息转录至 mRNA,并通过核糖体将序列信息翻译成蛋白质的氨基酸序列。

附图 18 显示了一个正在发生反应的核糖体,大亚基在上部,小亚基在下部。mRNA 从右向左穿过活性部位,而 tRNA(转移 RNA)携带一种氨基酸,该氨基酸将被添加到不断增长的胰岛素分子 B 链上。

像其他类型的编码信息一样,遗传密码将 mRNA 中的碱基序列转化为蛋白质中的氨基酸序列。一个简单的类比是莫尔斯码,其中由点和横线表示的字母通过电波从发送者传输给接收者,接收者将点和横线转换回字母。在 20 世纪 60 年代,人们需要获取 DNA 和 RNA 中的碱基序列编码蛋白质中的氨基酸序列所需的信息。显然,每个氨基酸对应 1 个碱基是不能完成这个过程的,因为 RNA 中有 4 种碱基,蛋白质中有 20 种氨基酸。每个氨基酸对应 2 个碱基,可以分为 16 种组合,这仍然是不够的。但是每个氨基酸对应 3 个碱基就足够了,因为每组 3 个碱基可以有 64 种排列方式。我们现在知道,被称为密码子的核苷酸三联体携带遗传密码,大多数氨基酸的种类是由几个不同的核苷酸三联体决定的。此外还有起始密码子和终止密码子,它们分别告诉核糖体从 mRNA 到蛋白质的翻译过程的起始和终止位置。

尽管我们可以通过比较细菌核糖体 RNA 的碱基序列和那些更复杂的生物体的碱基序列来推断出一点进化历史,但仍然没有实验证据告诉我们,这样一个复杂的过程是如何融入最初的生命形式中的。

病毒来自哪里?

病毒在生物圈中无处不在。事实上,海洋中病毒的生物量极其大。几乎每个人都有过与普通感冒和流行性感冒病毒有关的亲身经历,而像人类免疫缺陷病毒和埃博拉病毒这样的新型病毒一旦引发流行病,就会成为头条新闻。我们看不到的是细菌与正在我们周围不断蔓延着的被称为噬菌体的病毒之间的持久战争。

如果现今的病毒如此普遍,那么生命诞生时它们是否也已经很丰富了? 病毒是否可能是后来产生细胞生命的分子复制的第一种形式? 一些科学家就是这样认为的,但更普遍的看法是,它们是一种分子寄生虫,通过利用活细胞的蛋白质合成机器进化出繁殖的能力。类病毒甚至比病毒更简单,之所以被发现是因为它们能感染并侵害马铃薯、鳄梨、桃子和椰子等植物。事实证明,类病毒是仅具有大约 350 个核苷酸的环状 RNA 分子。图 3.2 中显示了类病毒和用来比较的一种引起普通感冒

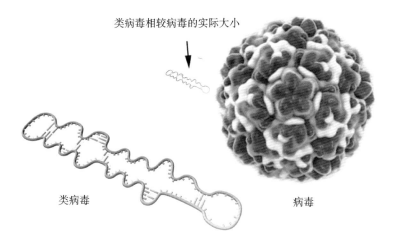

类病毒相较病毒的实际大小

类病毒   病毒

图 3.2 类病毒是已知的最小的感染因子,由含几百个核苷酸的单链环状 RNA 组成。 如图所示,类病毒比典型的病毒小得多。

资料来源:作者根据公共领域图像重新整理。

的病毒。典型的病毒由蛋白质和核酸组成,在活细胞中通过利用细胞的蛋白质合成机器自我复制。类病毒的生命周期要简单得多。进入植物细胞后,它们会被一种称为 RNA 聚合酶的酶复制,这种酶通常会合成 mRNA。RNA 聚合酶释放出数百个类病毒副本,然后开始干扰其他蛋白质合成过程。

类病毒是由西奥多·迪纳(Theodor Diener)于 1971 年发现的,他在 1989 年提出,类病毒可能是 RNA 世界遗留下来的一种分子化石。尽管当今的类病毒需要活细胞才能繁殖,但我们可以推测,核酸的原始形式在早期地球可能是自发合成的,然后开始通过非酶催化进行繁殖。在某些时候,它们被封装在膜室中,这是迈向 RNA 世界的第一步。

封装的聚合物系统是如何开始演变的?

进化(evolution)一词来自拉丁语,意为"相继发生",现在通常指随时间发生的变化,例如,恒星在其生命周期中的演化。查尔斯·达尔文将这个词应用于生物种群中发生的变化,不同的物种从这些变化中产生。150 年后的今天,我们知道这些变化是 DNA 突变的结果,而 DNA 突变导致了生物个体的差异。

这些差异导致种群内出现了变异个体,可以进行选择。达尔文称之为"自然选择",并以家畜的人工选择为例进行解释。例如,狼在几千年前开始与人类互动,而早期的人类开始选择行为友好的狼。数百年前,养狗的人意识到选择是一种有力的手段,并开始根据狗的身体特征和行为特征做出选择。结果是,原始狼群后代的体型大小各异,既有小型的吉娃娃,也有大丹犬。类似的农业选择也使得人类从类似于杂草的植物中培育出了玉米和小麦。

玉米是农业选择的结果

现在我们可以问一个基本问题:生物进化的第一步是什么? 我们虽不知道答案,但我们知道选择不是对个体起作用,而是对出现变异的种群起作用。在生命起源前的地球上,拥有这样的种群的唯一办法是将潜在功能聚合物的随机集合以微小的原始细胞的形式呈现出来。简单的计算表明,1 毫克的两亲脂质化合物可以产生 10000 亿个由囊泡和封装的聚合物组成的原始细胞。附图 19 显示了当一层干脂质膜暴露于水中时,原始细胞是如何形成的。在干湿循环的干燥阶段形成的聚合物被包裹在微小的原始细胞中。首先,每个原始细胞的组成都与其他细胞不同。组合化学的自然版本于是成为可能,在该自然实验中,原始细胞就像显微镜试管一样。大部分原始细胞是惰性的,会被破坏,它们的组成成分将被循环利用,但是极少数原始细胞碰巧具有让它们完好无损地存活到下一个循环的特性。这代表了进化过程中选择的第一步。当干湿循环的干燥阶段开始时,存活的原始细胞的细胞膜会融合,并将它们的聚合物输送回多层脂质基质中,以参与下一轮合成。

成功的原始细胞有哪些特性? 这些特性来自系统组成部分之间的协同作用:聚合物和周围的膜。至此,所有的过程都是由自组装和一种非常简单的能量驱动的,这种能量是脱水释放的化学能,它可以驱动酯和肽键的合成,从而使单体形成聚合物。然而现在,稀有的原始细胞可能具有特定功能聚合物封装体系,这些特定功能包括使囊泡保持稳定、新陈代谢、催化聚合和复制等。我们还不知道哪些聚合物具有这些功能,但可以合理地猜测它们类似于 RNA 和肽。

什么是始祖生物和最后的共同祖先?

除非你是一位研究最初的生命形式的生物学家,否则你可能对始祖生物(progenote)这个词很陌生。它是由卡尔·沃斯和乔治·福克斯(George Fox)创造的,用来描述一个假设的生命形式的最原始共同祖先,其基因型和表型之间的关系尚未确定。在现今的细菌中,随着细胞的生长和分裂,子代细胞的遗传组成和基因产物实际上与它们的亲代是相同的。但在第一个真正的细菌在地球上出现之前,似乎不可避免地存在着封装的分子系统,它们具有原始的新陈代谢能力,能够生长并进行某种形式的繁殖。沃斯和福克斯预测,在从始祖生物向生命形式过渡的过程中,大量的基因信息被共享,因为早期的原始细胞种群为了维持特定的聚合物集合而相互竞争。

我们推测这样的过程是在干湿循环中实现的。布鲁斯·戴默(Bruce Damer)提出，原始细胞种群在从干燥阶段向湿润阶段过渡的过程中经历了一个潮湿、浓集的凝胶阶段(附图20)。在凝胶阶段，原始细胞不再保持个体形态，而是相互作用和融合，从而使它们封装的聚合物得以混合和共享。在蒸发阶段的小池中，这些原始细胞的聚集体将暴露于浓度增加的溶解溶质中。如果其中一些溶质是潜在的营养物质，它们将可用于原始代谢过程。

有了原始细胞和始祖生物，我们就可以推测它们是如何进化出越来越复杂的分子系统，向我们所说的生命过渡的。要记住的一个重要概念是，迈向生命的第一步发生在接触到能源的有机化合物的混合物中。如果条件也有利于氨基酸聚合成肽，那么相同的条件也有利于核苷酸聚合成核酸。与其认为其中一个过程是"第一个过程"，不如认为聚合物系统从一开始就在共同演化。原始核糖体就是一个例子。第一个核糖体需要RNA和肽共同组成，因此一个显而易见的结论是这两种聚合物必须同时存在。

经过数百万年的循环和自然实验，始祖生物发现并共享了聚合物的相互作用系统，从而增强了它们在环境压力下生存的能力。当出现稳定的子代聚集体时,其他实验就可以开始了。这些是显而易见的,功能性聚合物包括原始代谢的催化剂,聚合反应的催化剂,用于存储和传递遗传信息的核酸,将遗传信息翻译为功能蛋白的核糖体,用于捕获光能的色素系统,用于吸收光能的电子传递链,而电子传递链可产生质子梯度并为ATP合成提供驱动力。随着其他形式的能量出现,干湿循环的能量将不再是必需的。形成一个能让原始细胞分裂成子细胞的聚合物系统是让聚合物捕获其他形式能量的最后一步。

最终,经过大约5亿年的自然实验,最初的生命形式出现了。因为它们具有当今生命中仍然存在的所有功能分子系统,所以被称为最后的共同祖先(last universal common ancestor,LUCA)。它们有着与所有生命共有的遗传密码,结合为生命之树的主干。

原核生命是如何变成真核生命的?

当生物学家首次开始用显微镜研究活细胞时,他们注意到有些细胞有细胞核,但细菌细胞没有。细胞核看起来像一个小坚果或核,因此有核的细胞被称为真核生物(eukaryote), enkaryote 一词来源于希腊语,意思是"好的核",细菌被称为原核生物(prokaryote),意思是"有核之前",不言而喻,该词假设在早期进化中更简单的原核生物先出现。这个假设是正确的,在生命形成后的 20 亿年里,地球上唯一的生物是原核生物,主要是在湖泊和海洋中进行光合作用的蓝细菌。此外,蓝细菌进行的光合作用是产氧的,因为蓝细菌不仅进化出了捕获光能的机制,还利用这种能量将电子从水分子中剥离出来。电子被用来将二氧化碳转化为代谢和生长所需的糖类。当电子从水分子中被剥离出来时,剩下的就是氧分子了。

数百万年来,氧气在一个大家都熟悉的简单反应——锈蚀中消耗殆尽。海水中有大量的铁,它们以带正电荷的二价铁离子形式存在,离子符号为 Fe^{2+},或称亚铁离子。当亚铁离子在溶液中与氧分子(O_2)碰撞时,氧分子从亚铁离子中夺取另一个电子,使其成为三价铁离子(Fe^{3+})。此外,氧原子与三价铁离子形成化学键,生成一种含有两个铁原子和三个氧原子的化合物,即氧化铁,化学式为 Fe_2O_3。氧化铁不溶于水,并沉淀到海底,形成一种叫作磁铁矿的矿物,最终形成了我们现在称之为铁矿石的巨大矿藏。

海洋中的铁消耗掉了蓝细菌在 10 亿年里产生的所有氧

气,直至海水中再也没有亚铁离子。在那一刻,氧气开始进入大气,在大约 20 亿年前导致了大氧化事件。我们可以在古土壤的地质记录中看到相关证据:当土壤中的铁开始变成铁锈时,古土壤突然从灰色变成红色。大气中富含氧气是我们今天所知道的生命形成过程的第一步,因为在光合作用中电子从水分子中被剥离,一条返还氧气的路径就此形成,能量就产生了。这种能量使一种不依赖光能的新型微生物得以进化,因为大气中的氧气提供了一种更大的能量来源。最终,在 20 亿年之后,生命开始了更为复杂的自然实验。

自然实验可以沿着几种不同的路径进行,其中之一是两种不同的单细胞生物可以结合成一种新的生命形式,这个过程被称为共生。当林恩·马古利斯(Lynn Margulis)在 1973 年首次提出这个观点时,其他科学家对此持怀疑态度。这种共生关系是如何形成的? 在接下来的 10 年里,核酸分析技术得到了改进,人们开始清楚地认识到,原核生物中的 DNA 是一个包含几百万个核苷酸的圆环,而真核细胞中的 DNA 主要存在于细胞核中。出于好奇,一些科学家开始探究 DNA 是否存在于细胞核之外。答案令人惊讶,线粒体和叶绿体中有环状 DNA 分子。而且,线粒体 DNA 序列与 α-变形杆菌 DNA 序列相匹配,而叶绿体 DNA 序列与蓝细菌 DNA 序列相匹配。

这是一个启示:地球上所有先进的多细胞生命形式(植物和动物)都依赖于源自细菌的细胞器来提供能量。我们的每个细胞都含有数量不一的线粒体,线粒体在细胞分裂时生长和分裂,并且从近 20 亿年前最初的共生组合开始就一直携带着 DNA。

这种共生关系究竟是如何形成的还是一个悬而未决的问题,但有一种简单的可能:一个大的细菌以某种方式"吃掉"了一个小的细菌,但小细菌没有被消化,而是建立起了"家庭",并像寄生虫一样茁壮成长。我们知道,这样的过程至今仍在发生。最好的实验例子之一是一种单细胞变形虫通过吞噬有毒细菌来获取营养。大多数变形虫死于毒素,但少数存活下来了。细菌不仅生活在变形虫体内,还开始通过光合作用产生能量。经过许多代后,变形虫开始依赖这些能量。这可以通过向培养基中添加抗生素来证明,抗生素会导致内化的细菌死亡。现今的变形虫如果缺乏能量也会死亡。

生命之树真的存在吗?

达尔文最初构想自然选择和进化理论时,在笔记本上画了一幅草图(图 3.3)。然后,以他特有的谨慎,他在边上加了一句注释:"I think.(我认为。)"

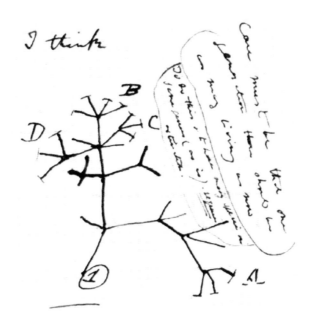

图 3.3　查尔斯·达尔文之树。

资料来源:改编自维基共享资源。

1879 年,恩斯特·海克尔(Ernst Haeckel)决定阐释达尔文的进化理论,并画出一棵"生命之树",树上挂着各种动物的名字。单细胞变形虫位于底部,大猩猩、猩猩和人类位于顶部。与达尔文冗长的论述相比,简化的生命之树更容易理解,而海克尔的画有助于在思想家的脑海中树立"进化"这一观念。

卡尔·沃斯提出了一个绝妙想法,他第一个提出生命之树可能不是理解进化史的最佳途径,进化史更应反映在核糖体RNA序列中。他的观点很容易理解。考虑到随着时间的推移突变会缓慢积累,细菌RNA之间的差异会相对较小。作为参考,当我们将细菌RNA与更复杂物种的RNA进行比较时,会发现后者的突变数量更多。当沃斯检测各种微生物的RNA时,他大吃一惊。除了原核生物和真核生物,他还发现了一种新的微生物,他决定称之为古核生物。所以,在生命起源之后,最后的共同祖先不是发展成了一棵生命之树,而是演化出了三个分支:古核域、细菌域和真核域。

后来的研究表明,地球上不仅存在三种截然不同的生命形式,而且它们的基因信息在子代之间是共享的,这一过程被称为水平基因转移。此外,真核生物的线粒体和叶绿体实际上含有它们自己的DNA,这些DNA可以追溯到原始的原核生物 a-变形朴菌和蓝细菌。这与生命之树是不符的。2000年,福特·杜利特尔(Ford Doolittle)在《科学美国人》(*Scientific American*)杂志上发表了一篇题为《将生命之树连根拔起》的文章,他在文章中提出,用灌木来隐喻生命的历史,要比用乔木更好;特别是在灌木中,生物不断地交换和分享遗传信息,就像它们形成伊始那样。

在过去的 20 年里,DNA 和 RNA 测序极大地扩展了我们对进化的认知,以至于即使是灌木也被证明是不恰当的隐喻。生命的历史现在被描绘成一个以起源的原点为中心,大量进化分支向边缘延伸的圆(图 3.4)。智人的进化之路并不是通往树的顶端,而是我们今天所知的无数生命之路中的一条,这让人类感知到自己的渺小。

我们能在实验室里合成生命吗?

理查德·费曼(Richard Feynman)是一位杰出的物理学家,他因在核物理方面的发现而获得了诺贝尔物理学奖。他也是一名出色的演讲者,尽一切努力帮助他的学生理解深奥的物理概念。在一次演讲中,费曼在黑板上写道:"我不能创造的,就是我无法理解的。"

我们确实掌握了足够的生物化学和分子生物学的知识,在实验室里将有可能创造出一种简单的生命。目前还没有人做到这一点,但我们至少可以思考一下细胞是如何被分解,然后重新组装起来的。合成生物学是生物学的一个新的分支学科,其最终目标就是要做到这一点。如果我们思考一下生命的组成部分,一些看似不可能的事情就会变成可能。

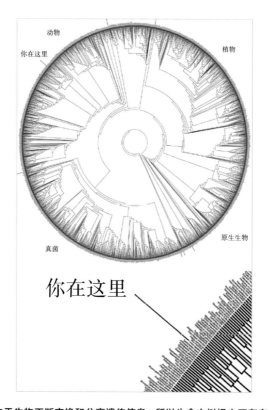

图 3.4　由于生物不断交换和分享遗传信息，所以生命之树根本不存在。 相反，地球上生命的进化史被视为一个庞大的不断扩大的圆，其中古核生物和原核生物的起源在中心。 这些生物一直延续到外围。 在靠近中心的地方，你会看到原核细胞型微生物共生结合形成真核生物，然后进一步进化成原生生物、植物、动物和真菌。 周围的"绒毛"代表了大量已命名的物种，包括智人（在右下角的放大图中显示）。

资料来源：改编自全球基因组计划的公开资料。

细菌细胞的下列细胞器中,每个细胞器都有一个对生命至关重要的特性。

(1)脂膜自组装成细胞生命所需的微小隔室。如第 2 章所述,只要简单地干燥一种脂质混合物,就可以很容易地将大分子封装在膜室中。

(2)核糖体很容易分解。它们是稳定的,多年来,研究人员将核糖体与特定蛋白质的 mRNA 混合,并通过翻译过程合成该蛋白质。

(3)分离环状细菌基因组更加困难,因为它们往往会破裂。然而,只要小心,这是可以做到的。事实上,克雷格·文特尔研究所(Craig Venter Institute)的研究人员已经从头开始做起,合成了一种小型细菌的整个基因组,然后把它放回到一个 DNA 已经失去活性的细胞中。细菌开始生长,即使它们使用的是完全由人工合成的 DNA 基因组的遗传信息。

(4)在一个典型的细菌细胞中有数千种酶。没有人会从头开始合成它们,所以我们需要使用现有的已经被活细菌合成的酶。

最重要的是,细菌细胞的所有基本组成部分均已被证明能够独立发挥作用。然而,从来没有人试图把它们重新组装起来。这有可能吗？没有生命的细菌混合物能被复活吗？让我们做一个思想实验。

我们知道如何使用一种称为溶菌酶的酶来溶解某些细菌的细胞壁，从而留下一个名为原生质体的膜状小袋，它包含了活细胞的几乎所有成分。我们还知道，将原生质体放入水中就可以打开它们，因为原生质体会膨胀并破裂，释放出如图 3.5 所示的它们的内容物。

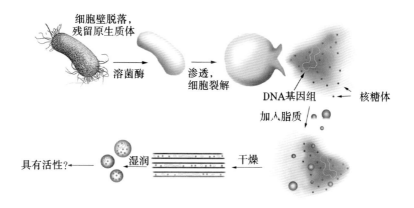

图 3.5　重组装活细胞。

资料来源：作者。

现在，我们要用这个技巧将原生质体重组装在一起。我们将使用从细菌中提取的脂质制备脂质囊泡，并将其添加到我们打开原生质体时释放的功能聚合物混合物中。最后一步是让水在冰箱中真空蒸发。随着脂质囊泡在干燥过程中浓度变得越来越大，它们将融合成数千个脂质层，所有细菌成分都将挤在这些脂质层之间。当我们向其中添加稀释的营养液时，这些脂质层会膨胀并将细菌成分捕获到数万亿个微小隔室中。

　　这样形成的结构是活的吗？它们会生长繁殖吗？毕竟，核糖体、基因组和酶都集中在一个地方。大多数知识渊博的科学家会说："不！它们不是活的！"但他们不确定，因为没有人在实验室做过这个实验。我倾向于和他们一样持怀疑态度，这是有充分理由的。细胞的所有组成部分可能都已经重组装在一个微小的脂质囊泡里，但我们已经破坏了一种无形的秩序，这种秩序与调控新陈代谢的反馈环有关。如果缺乏调控数千种酶的反馈环，细胞可能无法恢复生命。

　　尽管如此，具有开拓性的科学家实际上已经尝试过类似的方法。洛克菲勒大学的阿尔贝·利布沙贝（Albert Libchaber）和文森特·诺爱洛克斯（Vincent Noireaux）和日本的四方哲也（Tetsuya Yomo）从细菌中提取了细胞内成分，并将它们与包含绿色荧光蛋白（green fluorescent protein，GFP）基因的

DNA 一起封装在脂质囊泡中。洛克菲勒大学的科学家们还添加了溶血素基因,这种物质可以使脂膜渗透到氨基酸和 ATP中。当为人造细胞提供营养液时,它们开始发出绿色荧光,这意味着整个蛋白质合成途径都在起作用,绿色荧光蛋白正在被合成。

这并不意味着这些细胞是活的,因为它们只是在合成一种蛋白质。接下来的步骤是重复实验,以查看细菌 DNA 的基因中有多少个被翻译成功能蛋白。这似乎是不可能的,但我希望有人能确定是否可以将封装细胞组成部分的混合物组装成简单的生命形式。我们可能会对实验结果感到惊讶。

生命可以在现今的地球上再次诞生吗?

如果有人问查尔斯·达尔文生命是否可能在现今的地球上诞生,他会说:"很可能不会!"他在 1871 年给约瑟夫·胡克的信中暗示了这一点:"现在有这种物质的话,它会立即被吞噬,或吸收掉,而在生命形成前是不会有这样的情况发生的。"

达尔文的观点是,生命形成所需的化合物实际上是营养物质,而现今的微生物在利用营养物质方面是如此高效,以至于即使一种原始的生命形式以某种方式开始形成，它也会立即被吞噬。

但还有另一个问题，那就是如今的大气中存在氧气。我们倾向于认为氧气是生命之源，但那是因为我们已经进化出各种方法，将氧气作为能量来源推动新陈代谢。这种能量是通过将氢从食物中剥离出来，然后让电子沿着电子传递链传递到氧来获得的。我们之所以能这样做，是因为我们也有多种方法来保护细胞成分不受氧气损害。例如，维生素 E 是一种保护性抗氧化剂，它通过抑制膜脂中氧化损伤的蔓延而起作用。如果把它排除在老鼠的饮食之外，一两个月后，老鼠的健康状况就会开始恶化。它们会贫血并失去行动能力，因为它们的血细胞在被输送到全身的过程中，被经过细胞膜的氧气破坏了。

氧气也可以降解许多原本是营养物质的化合物，这种现象可以从刚切好的很快变成棕色的苹果或碰伤的香蕉上看到。油和酒出现令人不快的酸败也是氧化损伤的结果。

最重要的是，氧的反应性是如此之强，以至于有机化合物无法持续存在足够长的时间来参与生命起源所需的反应。在生命起源前的地球上，这不会成为一个问题，因为那时的地球大气主要由不活泼的氮气和少量的二氧化碳组成。在生命起源前的地球上几乎没有光合作用产生的氧气，因此有机化合物可以在溶液中循环足够长的时间来支持生命起源。

其他行星的环境条件下能出现生命吗？

这个问题对正在探索我们太阳系中其他行星的美国国家航空航天局和欧洲航天局的科学家来说是一个动力，对于研究银河系中其他恒星轨道上的太阳系外行星的天文学家来说也是一个动力。地球可能不是唯一一个贫瘠但宜居的星球，这种可能性一直让人类着迷。美国国家航空航天局已经有四台火星探测器成功地在火星表面着陆，它们是"勇气"号、"机遇"号、"好奇"号和"洞察"号。美国国家航空航天局还将发射更先进的火星探测器，以寻找那里曾经存在微生物生命的证据。甚至在其他地方也可能存在智慧生命，并且可能已经发展出高超的广播无线电信号技术，试图与其他星球的生命进行交流。射电天文学家意识到，灵敏的天线可能能够检测到此类信号，这使得多个项目被归于"搜寻地外智慧生物"（Search for Extraterrestrial Intelligence，SETI）项目。无论现实属于哪种情况，最大的障碍就是其他行星的环境条件是否会允许生命出现并进化为越来越复杂的形式。

根据本书提供的信息，生命是否会起源于其他地方呢？解决这个问题的一种方法是既要考虑在我们星球上生命存在的地方，也要考虑在经历了 30 亿年后生命不可能生存的地方。这限制了有利于生命生存的各种条件，并纳入了我们对生存在极端环境中的生命的认识。主要的限制因素包括液态水的可获得性、温度、酸碱度和常见离子的浓度。下面让我们逐一考虑这些问题。

在地球表面，水是温度在 0 ℃ 至 100 ℃ 的液体。低于 0 ℃，水变为固态冰；高于 100 ℃，水变为气态水蒸气。通过观察，活的有机体可以保存在冰中，但不能生长和繁殖，因为必需的营养物质和能量无法扩散以支持新陈代谢。例如，在南极洲的高纬度沙漠地区和智利的阿塔卡马沙漠中都不存在液态水。这两个地方的环境条件都不支持能够生长和繁殖的微生物生命。

火山温泉的水温接近水的沸点，具体视海拔而定，在 90 ℃ 至 100 ℃。在海洋深处，压力是如此之大，以至于液态水甚至可以在更高的温度下存在，并且某些细菌可以在 121 ℃ 的温度下生存。我们可以从生命生存环境的极端温度得出结论：生命不可能在一个水以冰的形式存在的星球上形成，也不可能在一个有陆地但没有液态水的沙漠世界里形成。火星是对这一结论的有趣检验。

如今,火星表面的环境条件比智利的阿塔卡马沙漠恶劣得多,但火星的两极和表面以下都有冰。如今的火星上没有活火山,但一座占地面积相当于法国大小的巨型火山在1亿年前喷发过。我们还知道,35亿年前火星的表面有浅海存在。根据第2章所描述的事实,我们可以得出结论,火星上有活火山和热液温泉时,生命可能已经出现了。我们可以合理预测,火星探测器总有一天会发现早期微生物生命存在的证据,类似于我们在西澳大利亚的化石叠层石中看到的那样。

我们会知道生命是如何产生的吗?

答案是:也许吧。

关于这个问题有很多观点,但没有形成共识。一个由科学家组成的委员会正在对这些观点进行评估,科学家会根据解释力和证据的权重来评判这些观点。我是该委员会的一员,所以结束本书的一个好方法是提出一种生命起源假说,该假说可以通过研究加以检验。这一假说的部分内容在前面已经被描述过,可以很容易地进行总结:

（1）生命起源于从咸海中蒸发出来的温泉水中，然后落在火山地块上。

（2）陨石坠落和地球化学合成带来的有机化合物在温泉中积累。

（3）一些有机化合物是单体聚合而形成的，而另一些是两亲分子自组装成膜结构而形成的。

（4）由于水位的波动和水的蒸发，温泉经历了连续的干湿循环。

（5）在干燥阶段，有机单体和两亲化合物的混合物高度浓集，通过缩合反应合成聚合物。

（6）再水化后，聚合物被封装在膜囊泡中，形成大量的原始细胞。

（7）每个原始细胞的组成都不同于其他细胞，因为其所含聚合物的单体是随机排列的。

到目前为止，所有的一切都已在实验室里通过实验或在自然环境中通过观察火山温泉中水的自然变化得到了验证。该假说的剩余内容是推测的，但可以指导未来的研究。以下想法源自我和同事布鲁斯·戴默的合作研究，并在附图 21 中做了说明。

（1）种群内的大多数原始细胞是惰性的，它们的成分可循环利用，少数原始细胞含有聚合物和膜，显示出与生命过程相关的特性。这些特性包括稳定性、选择透性和催化活性等。

（2）具有这些特性的原始细胞在无休止的循环中存活下来，并逐渐开始占据种群的主导地位。这是达尔文进化论的第一步。

在数百万年间，具有催化作用的聚合物被纳入通过调控反馈进行原始代谢的系统中，该系统捕获化学能和光能，并利用这些能量从环境中获取可用的营养物质来催化自身繁殖。这些系统跨越了从无生命的原始细胞到最初的细胞生命形式的门槛。几百万年之后，它们又向海洋迁徙，慢慢地适应了越来越咸的海水，最终变得足够强壮，可以在潮间带繁衍生息。这些微生物生命种群形成了矿化叠层石，这些叠层石至今仍然存在于西澳大利亚，是已知最早生命形式的化石证据。

我希望这本书能给读者一种科学研究带来的兴奋感。书中所表达的观点可能最终会在进一步的实验中被证明是具有解释价值的，或者，如果被证明没有价值，则可将其抛弃。在这个过程中，我们最终将理解生命是如何在地球和其他宜居行星上形成的。

延伸阅读

　　我决定在本书中不引用科学文献,因为科学文献使用的语言往往过于专业,而且这些文献并不容易获取。事实上,大多数期刊需要付费才能阅读。但是,值得指出的是,2018 年和2019 年出版的几本相关图书不是用专业语言编写的,可为感兴趣的读者提供额外的信息。

　　我自己所写的书叫作 *Assembling Life*(《组装生命》,牛津大学出版社,2019 年),它描述了一个新的假说,即经历干湿循环的淡水温泉有利于分子系统的组织。布鲁斯·戴默和我本人在一篇免费开放获取的期刊文章中详细描述了这个假说(The Hot Spring Hypothesis for an Origin of Life. *Astrobiology*, April 2020)。

我和斯图尔特·考夫曼合著了一本书，该书于 2019 年由牛津大学出版社出版。斯图尔特还写了其他几本书，包括 *The Origins of Order*（1993），*At Home in the Universe*（1996），*Investigations*（2002）和 *Humanity in a Creative Universe*（2016）。在他的最新著作 *A World Beyond Physics：The Emergence and Evolution of Life* 中，斯图尔特提出，生命的起源可能超越了已知的物理定律。物理学家可能不认同，但如果他们被问及哪条物理定律可以预测一股空气会导致肥皂溶液聚集成美丽的膜状气泡，他们将会被难住。事后看来肥皂泡的形成是可以理解的，但没有任何物理定律能预测肥皂泡的存在。这被称为层展现象（emergent phenomenon），关于生命起源可以提出相同的问题。物理定律和化学定律也许有一天能让我们预测非生命物质是如何形成生命的，但现在还不是时候。

罗伯特·黑曾（Robert Hazen）是深碳观测计划（Deep Carbon Observatory）的负责人，在该计划中，一大批科学家研究了碳元素在地球上的物理、化学和生物分布。基于这一经历，黑曾撰写了 *Symphony in C：Carbon & the Evolution of (Almost) Everything* 一书，该书于 2019 年 6 月由诺顿（W.

W. Norton & Company)出版。除了是一位科学家外,黑曾还是一位演奏家,作为小号独奏者,他将他的矿物学知识和音乐知识结合起来,就碳在我们生活中的作用提出了独特的见解。

迪尔克·舒尔策-马库赫(Dirk Schulze-Makuch)和路易斯·欧文(Louis Irwin)合著的 *Life in the Universe: Expectations and Constraints* 第三版于 2018 年由施普林格(Springer)出版。取这样的书名相当大胆,因为除了我们自己的星球,我们不知道宇宙中的其他星球上是否存在生命。然而,两位作者运用他们的化学、物理、天文学和生物学知识,令人信服地论证了其他地方存在生命的可能性很大,尽管它可能看起来不像地球上的生命。

巴赫拉姆·莫巴舍尔(Bahram Mobasher)是加利福尼亚大学河滨分校的一位教授。他写了 *Origins: The Story of the Beginning of Everything* (Cognella Academic Publishing, 2018)一书,该书被用作他所教授课程的教科书。这本书名副其实,它确实涉及从宇宙起源到生命起源的几乎一切内容。

较早的几本书影响了我对生命起源的看法,值得一读。以下是一些推荐书目:

Pier Luigi Luisi. *The Emergence of Life: From Chemical Origins to Synthetic Biology*. 2nd ed. Cambridge University Press, 2016.

Nick Lane. *The Vital Question: Energy, Evolution and the Emergence of Complex Life*. W. W. Norton & Company, 2015.

Eric Smith and Harold J. Morowitz. *The Origin and Nature of Life on Earth: The Emergence of the Fourth Geosphere*. Cambridge University Press, 2016.

Peter Ward and Joe Kirschvink. *A New History of Life*. Bloomsbury Press, 2015.

Addy Pross. *What Is Life?* Oxford University Press, 2012.

Freeman Dyson. *Origins of Life*. Cambridge University Press, 1999.

附图

附图 1 天文学家现在有足够的信息来绘制一张天体图，显示星系在可见宇宙

中的分布情况。 星系不是随机分布的，而是聚集成星系团。 图中白

色的光带是我们自己的星系——银河系，这是在银河系边缘观测时会

看到的景象。

资料来源:宽视场红外测量探测器(Wide-field Infrared Survey Explorer,WISE),

2 微米全天巡天(Two Micron All-Sky Survey,2MASS)。

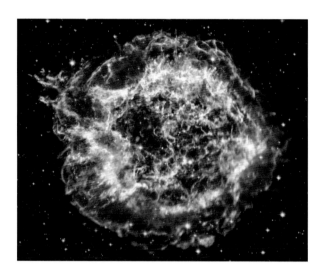

附图 2 中心的微小白点是一颗恒星的遗迹，该恒星已到达生命的尽头，并作为超新星仙后座 A 爆炸。铁（紫色）、硫（黄色）、钙（绿色）和硅（红色）等元素构成了爆炸喷出的尘埃，它们发出 X 射线和可见光。在这幅钱德拉 X 射线中心和哈勃空间望远镜的组合图像中，颜色用来示意元素的分布。

资料来源：美国国家航空航天局（National Aeronautics and Space Administration，NASA），钱德拉 X 射线中心（Chandra X-Ray Center，CXC），史密松天体物理台（Smithsonian Astrophysical Observatory，SAO），美国国家航空航天局空间望远镜科学研究所（NASA Space Telescope Science Institute，NASA STScI）。

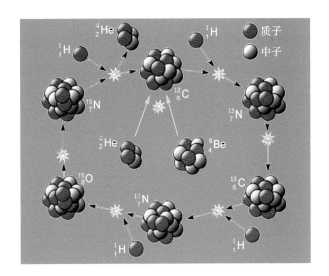

附图 3　这是一个称为恒星核合成的循环，产生碳、氧、氮，这三种元素和氢一样，是生命的主要元素。 红色球体代表质子，灰色球体代表中子。 每个元素符号左下标的数字代表原子序数（原子核内的质子数），左上标的数字代表相对原子质量（质子数与中子数之和）。 每一次爆炸（图中黄色图标所示）都代表着一个释放能量的聚变反应，其中大部分能量是氢聚变生成氦的结果。 当一个有 2 个质子和 2 个中子的氦核与一个有 4 个质子和 4 个中子的铍核熔合时，会生成一个有 6 个质子和 6 个中子的碳核。 然后，碳核可以与质子发生进一步的聚变反应，生成氮和氧。

资料来源：作者改编自公共领域资料。

附图 4　**旋涡星系 NGC 1566 具有内在美。** 宝石般的粉红色区域是新恒星形成
的地方，而黑暗区域充满了恒星坍缩和爆炸时喷射到太空中的星际
尘埃。

资料来源：美国国家航空航天局、欧洲航天局（European Space Agency, ESA）、哈
勃空间望远镜，由利奥·沙茨（Leo Schatz）处理。

附图5　图中的新恒星是从星际尘埃和气体组成的分子云中诞生的，早期恒星耗尽聚变能量并爆炸，产生了这些灰烬。

资料来源：美国国家航空航天局，喷气推进实验室-加州理工学院（Jet Propulsion Laboratory-California Institute of Technology，JPL-Caltech），宽视场红外测量探测器。

附图 6　白羊座的一朵分子云。 图中显示了一架航空器捕捉到的真实的星际尘
埃的图像。 这些尘埃是我们太阳系形成的星际分子云的遗迹。 图中
添加了浅蓝色，以表示该分子云表面覆盖着薄薄的一层冰。 据估计，
每年有 30000 吨星际尘埃在上层大气中聚集，并飘向下层大气，直至
到达地表。 即使在原始吸积完成 40 亿年后，地球仍在吸积尘埃和陨
石形式的地外物质。

资料来源:改编自哈勃空间望远镜的公开图像。

附图 7 智利的新型望远镜阿塔卡马大型毫米波/亚毫米波天线阵可以真实地观察到太阳系附近的恒星金牛座 HL 中正在形成的类太阳系星系。 正如理论预测的那样，这颗恒星只有 100 万年的历史，被一个由气体和尘埃组成的圆盘所包围。 圆盘上明显的空隙很可能是新行星在吸积尘埃时产生的。 我们可以合理假设太阳系是经历了类似的过程形成的。

资料来源：欧洲南方天文台（European Southern Observatory，ESO；中文简称欧南台），阿塔卡马大型毫米波/亚毫米波天线阵（Atacama Large Millimeter/submillimeter Array，ALMA）。

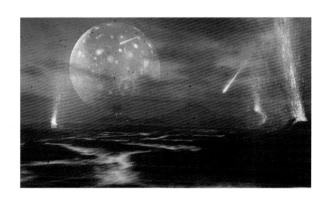

附图 8　地月系统是早期地球与另一颗行星的轨道碰巧相交时，两颗行星发生
　　　　碰撞后形成的。 月球是由喷射碎片形成的，这些碎片在地球周围形成
　　　　了一个转瞬即逝的圆环。 起初，月球离地球比现在近得多，如艺术家
　　　　创作的这幅图像所示。 碰撞释放了如此多的能量，以至新形成的地球
　　　　和月球都处于熔融状态。

资料来源：马克·加利克(Mark Garlick)。

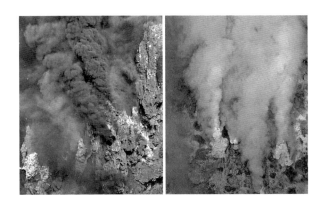

附图 9　图中显示了两种热液喷口，左侧为"黑烟囱"，右侧为"白烟囱"。

资料来源：美国地质调查局(United States Geological Survey，USGS)。

附图 10　40 亿年前生命开始形成时，地球上没有大陆。 夏威夷岛和冰岛这样
　　　　的火山地块是从全球咸海中形成的。 海水从海洋中蒸发，以降雨的
　　　　形式落到火山地块上，然后形成淡水温泉和水池，类似于现今在美国
　　　　黄石国家公园发现的温泉和水池。

资料来源：瑞安·诺尔库斯（Ryan Norkus）和布鲁斯·戴默（Bruce Damer）。

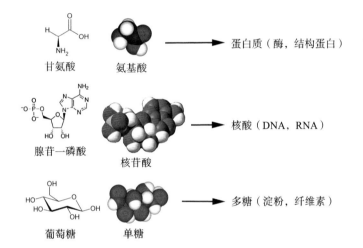

甘氨酸　　　氨基酸　　　　　　　　　　蛋白质（酶，结构蛋白）

腺苷一磷酸　　　核苷酸　　　　　　　　核酸（DNA，RNA）

葡萄糖　　　单糖　　　　　　　　　　　多糖（淀粉，纤维素）

附图 11　生命的三种主要单体——氨基酸（甘氨酸）、核苷酸（腺苷一磷酸）和糖类（葡萄糖）的分子结构。

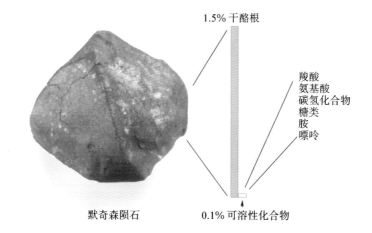

默奇森陨石

附图 12　图中的有机化合物存在于碳质陨石中，例如 1969 年在澳大利亚默奇
　　　　森附近坠落的陨石。按质量计算，碳质陨石的 1%～2% 由干酪根
　　　　（一种不溶于有机溶剂的高分子聚合物）和少量可溶性化合物构成，
　　　　后者具有与生命起源有关的化学性质。

资料来源：作者。

附图 13　俄罗斯堪察加半岛穆特洛夫斯基火山附近正在蒸发的温泉池。

资料来源：作者。

附图 14　已用荧光染料染色的 DNA 被封装在脂质囊泡中。

资料来源：作者。

附图 15　西澳大利亚皮尔巴拉地区的化石叠层石。 图中的矿化层是由 30 多亿年前积聚在矿物表面的微生物膜形成的。

资料来源：布鲁斯・戴默。

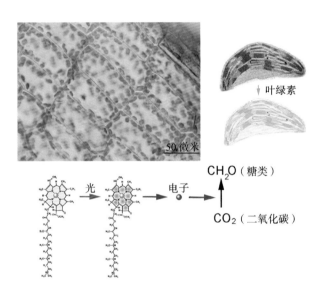

附图 16 植物中的叶绿体捕获光，光是地球上所有生命的主要能量来源。 叶绿素吸收光后会跳到激发态，释放出一个电子，用于将二氧化碳还原为糖类。 另一个分子系统从水中吸收电子，以取代光被叶绿素吸收时丢失的电子。 光合作用产生的氧气是所有有氧生物的能量来源。

资料来源：作者。

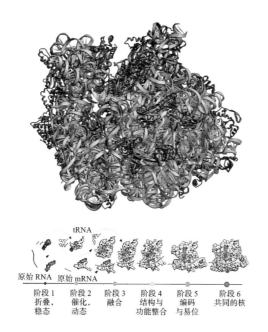

tRNA

原始 RNA 原始 mRNA

阶段 1	阶段 2	阶段 3	阶段 4	阶段 5	阶段 6
折叠，稳态	催化，动态	融合	结构与功能整合	编码与易位	共同的核

附图 17　**核糖体结构：小亚基由 1 个 RNA 分子（蓝色）与 21 个蛋白质分子（紫色）相互作用而构成；大亚基由 2 个 RNA 分子（灰色）和 31 个蛋白质分子（同样是紫色）组成。另外两种参与蛋白质合成的 RNA 包括 mRNA 和 tRNA，前者将遗传信息从 DNA 传递到核糖体，后者将氨基酸传递到活性部位，氨基酸在活性部位与生长中的肽链结合。通过测定核糖体 RNA 中的碱基序列，可以推断出核糖体进化的可能阶段。有些序列与现今生命形式的碱基序列高度相似，因此被认为是古老的，另一些序列变化很大，可能是最近新增的。**

资料来源：哈里·诺勒（Harry Noller）和洛伦·威廉斯（Loren Williams）。

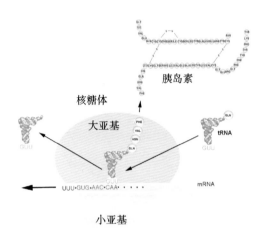

附图 18　图中所示为核糖体合成胰岛素（一种蛋白质）的过程，该蛋白质由两条通
　　　　过二硫键连接在一起的链组成。 mRNA 携带从胰腺细胞核 DNA 复制的
　　　　碱基序列，并通过核糖体从右向左移动。 mRNA 中有 4 种碱基——腺
　　　　嘌呤（A）、尿嘧啶（U）、鸟嘌呤（G）和胞嘧啶（C），它们以密码子
　　　　的形式存在。 每个密码子对作为蛋白质单体的 20 种氨基酸中的一种都
　　　　有特异性。 tRNA 将氨基酸转运到核糖体。 如图所示，tRNA 分子的一
　　　　端是碱基序列 GUU，另一端是氨基酸谷氨酰胺。 当 tRNA 到达核糖体
　　　　时，GUU 与 mRNA 上匹配的三联体 CAA 结合，氨基酸被添加到生长中
　　　　的肽链中。 至此，肽链中已经增添了 4 种氨基酸：苯丙氨酸、缬氨酸、
　　　　天冬酰胺和谷氨酰胺，并且完整胰岛素分子的长链末端增添了相同的
　　　　氨基酸。

资料来源：作者。

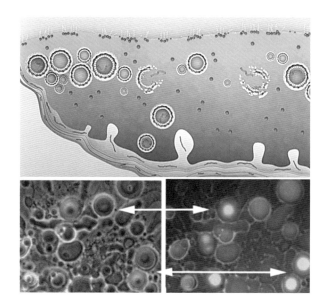

附图 19 图中所示为从矿物表面脂质层萌生出来的膜室。 在干湿循环的干燥

阶段,脂质层内合成了聚合物(红色),这些聚合物被包裹在脂质囊

泡中形成原始细胞。 在湿润阶段,一些原始细胞被破坏,而另一些

原始细胞因为其所包裹的聚合物使它们保持稳定,所以存活下来。

下面的两幅图显示了在这一过程中形成的脂质囊泡。 在这个过程

中,只有一个核苷酸在脂质存在的情况下循环以合成 DNA。 经过

4 次循环后,原始细胞就拥有了用荧光染料染色的封装的 DNA。

资料来源:艺术图片由瑞安·诺尔库斯绘制;显微图像由作者拍摄。

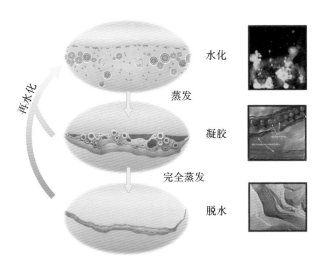

附图 20　温泉池干湿循环的统一视点图，其中三个不同的阶段使原始细胞种群
　　　　受到组合选择的影响：干燥阶段促进聚合物的合成；湿润阶段将这些
　　　　聚合物的集合培养成原始细胞，并测试它们的稳定性和寿命；在中间
　　　　的凝胶阶段，始祖生物聚集在一起。始祖生物可以共享聚合物，提
　　　　升聚集体的生存价值。始祖生物代表了一个选择单元，支持原始代
　　　　谢、聚合生长、聚合物的复制，以及最终向活细胞过渡。右边的显微
　　　　图像显示了支持这三个阶段的微观证据。

资料来源：艺术图片由瑞安·诺尔库斯绘制；显微图像由作者拍摄。

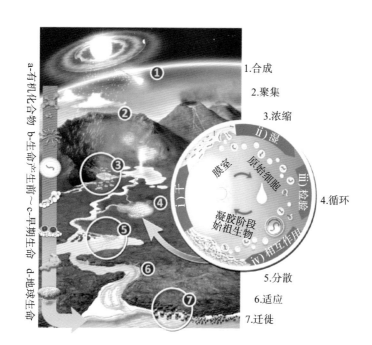

1. 合成
2. 聚集
3. 浓缩
4. 循环
5. 分散
6. 适应
7. 迁徙

a-有机化合物 b-生命产生前～c-早期生命 d-地球生命

附图 21　大图始于第 1 阶段有机化合物向火山地块的输送，在那里它们聚集在矿物表面。在第 2 阶段和第 3 阶段，降水将化合物冲入温泉池，化合物在干湿循环中浓缩。在第 4 阶段，如果单体与两亲化合物同时存在，则单体在脂质层基质内聚合；然后在湿润阶段，脂质囊泡以原始细胞的形式出现，并封装聚合物。在第 5 阶段，原始细胞聚集体以始祖生物的形式分布，这些始祖生物经过选择，更加稳定，原始代谢和光合作用等功能得到增强。在第 6 阶段，始祖生物迁徙到海洋，适应越来越咸的海水。在第 7 阶段，此时的始祖生物已经具备了生命所需的所有基本功能，形成了最后的共同祖先。

资料来源：瑞安·诺尔库斯。